北京课工场教育科技有限公司 出品

新技术技能人才培养系列教程
Web 全栈工程师系列

Python
Web 编程

肖睿 蔡明 童红兵 / 主编
崔玉礼 许鹏 齐慧 陈小凤 / 副主编

人民邮电出版社
北　京

图书在版编目（CIP）数据

Python Web编程 / 肖睿，蔡明，童红兵主编. -- 北京：人民邮电出版社，2020.5（2023.1重印）
新技术技能人才培养系列教程
ISBN 978-7-115-53382-1

Ⅰ. ①P… Ⅱ. ①肖… ②蔡… ③童… Ⅲ. ①软件工具－程序设计－教材 Ⅳ. ①TP311.561

中国版本图书馆CIP数据核字(2020)第014900号

内 容 提 要

Django 是利用 Python 语言开发网站时的首选 Web 框架。本书循序渐进地介绍了 Django 2.0 中各个功能模块的实现与使用方法，并以"在线教育平台"为例，讲解了基于 Django 2.0 开发应用的实用技能。此外，本书还介绍了 Django 项目的上线部署方法以及在网站实际开发过程中常用的第三方功能模块。本书内容实用性强，案例丰富，侧重于实战，与新技术结合紧密，可综合提高读者的 Python Web 编程能力。

本书可作为计算机相关专业的教材，也适合刚接触或即将接触 Django 的开发者使用，还可供具有 Django 开发经验但还须进一步提升实战能力的读者学习参考。

◆ 主　编　肖睿　蔡明　童红兵
　副 主 编　崔玉礼　许鹏　齐慧　陈小凤
　责任编辑　祝智敏
　责任印制　王郁　马振武

◆ 人民邮电出版社出版发行　北京市丰台区成寿寺路11号
邮编 100164　电子邮件 315@ptpress.com.cn
网址 https://www.ptpress.com.cn
固安县铭成印刷有限公司印刷

◆ 开本：787×1092　1/16
印张：11.25　　　　　　2020年5月第1版
字数：239千字　　　　　2023年1月河北第5次印刷

定价：39.80 元

读者服务热线：(010)81055256　印装质量热线：(010)81055316
反盗版热线：(010)81055315
广告经营许可证：京东市监广登字20170147号

Web 全栈工程师系列

编委会

主　　任：肖　睿

副 主 任：潘贞玉　　王玉伟

委　　员：张惠军　　李　娜　　杨　欢　　刘晶晶
　　　　　韩　露　　孙　苹　　王树林　　曹紫涵
　　　　　王各林　　冯娜娜　　庞国广　　王丙晨
　　　　　彭祥海　　孔德建　　王春艳　　胡杨柳依
　　　　　王宗娟　　陈　璇

序　言

丛书设计背景

随着"互联网+"上升到国家战略，互联网行业与国民经济的联系越来越紧密，几乎所有行业的快速发展都离不开互联网行业的推动。而随着软件技术的发展以及市场需求的变化，现代软件项目的开发越来越复杂，特别是受移动互联网的影响，任何一个互联网项目中用到的技术，都涵盖了产品设计、UI 设计、前端、后端、数据库、移动客户端等各个方面。而项目越大、参与的人越多，就代表着开发成本和沟通成本越高。为了降低成本，企业对于全栈工程师这样的复合型人才越来越青睐。

目前，Web 全栈工程师已是重金难求。在这样的大环境下，根据企业对人才的实际需求，课工场携手 BAT 一线资深全栈工程师一起设计开发了这套"Web 全栈工程师系列"教材，旨在为读者提供一站式实战型的全栈应用开发学习指导，帮助读者踏上由入门到企业实战的 Web 全栈开发之旅！

丛书核心技术

"Web 全栈工程师系列"丛书以 JavaScript、Vue.js 框架、微信小程序、Django 框架等技术为核心，从前端开发到后端开发，旨在培养一站式实战型的全栈应用开发型人才。

- ❖ 使用 HTML5、CSS3 完成前端静态页面制作。
- ❖ 使用原生 JavaScript 及 jQuery 框架赋予前端项目炫酷的动态效果。
- ❖ 使用 Bootstrap 框架及移动 Web 开发技术实现响应式及移动端开发。
- ❖ 使用 Vue.js 框架技术开发企业级大型项目。
- ❖ 使用微信小程序生态圈技术完成微信小程序及微信小游戏开发。
- ❖ 使用 Django 2.0 框架完成 Python Web 商业项目实战。

丛书特点

1. 以企业需求为设计导向

满足企业对人才的技能需求是本丛书的核心设计原则，为此，课工场全栈开发教研团队通过对数百位 BAT 一线技术专家进行访谈、对上千家企业人力资源情况进行调研、对上万个企业招聘岗位进行需求分析，实现了对技术的准确定位以及课程与企业需求的强契合。

2．以任务驱动为讲解方式

丛书中的知识点和技能点都以任务驱动的方式讲解，使读者在学习知识时不仅可以知其然，还可以知其所以然，帮助读者融会贯通、举一反三。

3．以边学边练为训练思路

本丛书提出了边学边练的训练思路：在有限的时间内，读者能合理地将知识点和练习进行融合，在边学边练的过程中，对每一个知识点做到深刻理解，并能灵活运用，固化知识。

4．以"互联网+"实现终身学习

本丛书可支持读者配合使用课工场 App 进行二维码扫描，观看配套视频的理论讲解、PDF 文档，以及项目案例的炫酷效果展示。同时，课工场在线开辟教材配套版块，提供案例代码及作业素材下载。此外，课工场也为读者提供了体系化的学习路径、丰富的在线学习资源以及活跃的学习交流社区，欢迎广大读者进入学习。

丛书读者对象

（1）大中专院校学生。
（2）编程爱好者。
（3）初、中级程序开发人员。
（4）相关培训机构的教师和学员。

丛书服务

读者可以扫描二维码访问课工场在线的系列课程和免费资源，如果在学习过程中有任何疑问，也欢迎发送邮件到 ke@kgc.cn，我们的课代表将竭诚为您服务。

课工场在线

感谢您阅读本丛书，希望本丛书能成为您踏上全栈开发之旅的好伙伴！

"Web 全栈工程师系列"丛书编委会

前　言

本书的写作背景

　　Django 是一款 Python Web 开发框架。我们利用 Django 简便、快速地开发数据库驱动的网站，可以大大节省开发时间。Django 框架的设计模式借鉴了 MTV 框架的设计思想，即由模型（Model）、模板（Template）和视图（View）三部分构成框架。本书将带领读者学习 Django，具体包括 Django 环境搭建、基础语法、模型、模板、admin 管理系统以及第三方插件、项目实战开发、项目部署等内容，旨在让读者掌握更多、更全面的 Django 相关知识。让我们赶快行动起来吧！

Python Web 学习路线图

　　为了帮助读者快速了解本书的知识结构，我们整理了本书的学习路线图，如下所示。

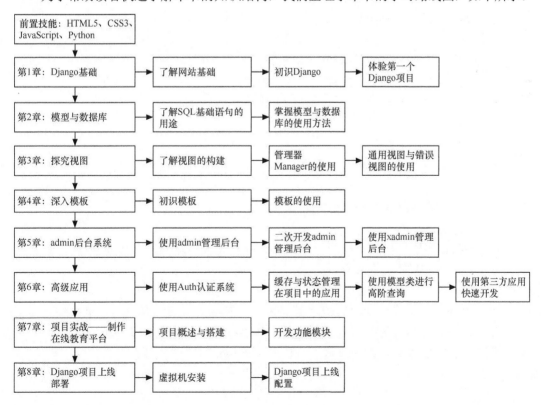

本书特色

1. **系统全面地介绍 Django 体系**
   - 深入讲解 Django 三大核心，即模型、视图、模板；
   - 使用 Django 快速制作在线教育平台；
   - 学习并使用丰富的第三方应用；
   - 配合 Linux 实践 Django 上线部署全过程。
2. **丰富多样的教学资料**
   - 配套素材及示例代码；
   - 每章课后作业及答案；
   - 重难点内容视频讲解。
3. **随时可测学习成果**
   - 每章提供"技能目标"，助力读者确定学习要点；
   - 课后作业辅助读者巩固阶段性内容；
   - 课工场题库助力在线测试。

学习方法

本书是一本实战性较强的 Python Web 开发教材。读者学习本书内容时，掌握科学的学习方法，可以提高学习效率。下面介绍一些学习方法。

课前：
- 浏览"预习作业"，带着问题读教材，并记录疑问；
- 即使看不懂，也要坚持看完下一章内容；
- 提前做一遍下一章的示例，并记下所遇到的问题。

课上：
- 认真听讲，做好笔记；
- 一定要动手实践上机练习与实战案例。

课后：
- 认真完成教材和学习平台中布置的作业；
- 多模仿，多练习；
- 和其他同学结成学习小组，及时总结并互相交流遇到的问题和学习心得；
- 学会阅读文档、查阅资料。

本书由课工场全栈开发教研团队组织编写，参与编写的还有蔡明、童红兵、崔玉礼、许鹏、齐慧、陈小凤等院校老师。尽管编者在写作过程中力求准确、完善，但书中不妥之处仍在所难免，殷切希望广大读者批评指正！

关于引用作品的版权声明

为了方便读者学习，促进知识传播，本书选用了一些知名网站的相关内容作为学习案例。为了尊重这些内容所有者的权利，特此声明：凡书中内容涉及的版权、著作权、商标权等权益均属于原作品版权人、著作权人、商标权人。

为了维护原作品相关权益人的权益，现对本书选用的主要作品的出处给予以下说明。

选用的网站作品	版权归属
腾讯课堂	腾讯

以上列表中并未全部列出本书选用的作品。在此，我们衷心感谢所有原作品的相关版权权益人及所属公司对职业教育的大力支持！

智慧教材使用方法

扫一扫查看视频介绍

  由课工场"大数据、云计算、全栈开发、互联网 UI 设计、互联网营销"等教研团队编写的系列教材，配合课工场 App 及在线平台的技术内容更新快、教学内容丰富、教学服务反馈及时等特点，结合二维码、在线社区、教材平台等多种信息化资源获取方式，形成独特的"互联网+"形态——智慧教材。

  智慧教材为读者提供专业的学习路径规划和引导，读者还可体验在线视频学习指导，按如下步骤操作可以获取案例代码、作业素材及答案、项目源码、技术文档等教材配套资源。

  1．下载并安装课工场 App

  （1）方式一：访问网址 www.ekgc.cn/app，根据手机系统选择对应课工场 App 安装，如图 1 所示。

图1　课工场App

  （2）方式二：在手机应用商店中搜索"课工场"，下载并安装对应 App，如图 2、图 3 所示。

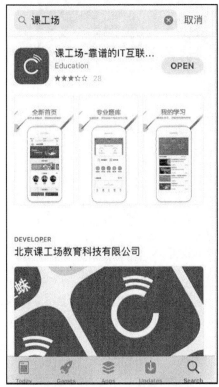

图2　iPhone版手机应用下载

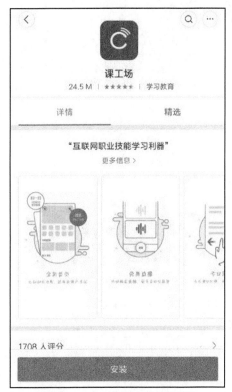

图3　Android版手机应用下载

2．获取教材配套资源

登录课工场 App，注册个人账号，使用课工场 App 扫描书中二维码，获取教材配套资源，按照图 4～图 6 所示的步骤操作即可。

Java面向对象程序开发及实战

3. 变量

前面讲解了Java中的常量，与常量对应的就是变量。变量是在程序运行中其值可以改变的量，它是Java程序的一个基本存储单元。

变量的基本格式与常量有所不同。

变量的语法格式如下。

```
[访问修饰符] 变量类型 变量名 [=初始值];
```

➢ “变量类型”可从数据类型中选择。
➢ “变量名”是定义的名称变量，要遵循标识符命名规则。
➢ 中括号中的内容为初始值，是可选项。

示例4

使用变量存储数据，实现个人简历信息的输出。

分析如下。

（1）将常量赋给变量后即可使用。

（2）变量必须先定义后使用。

变量

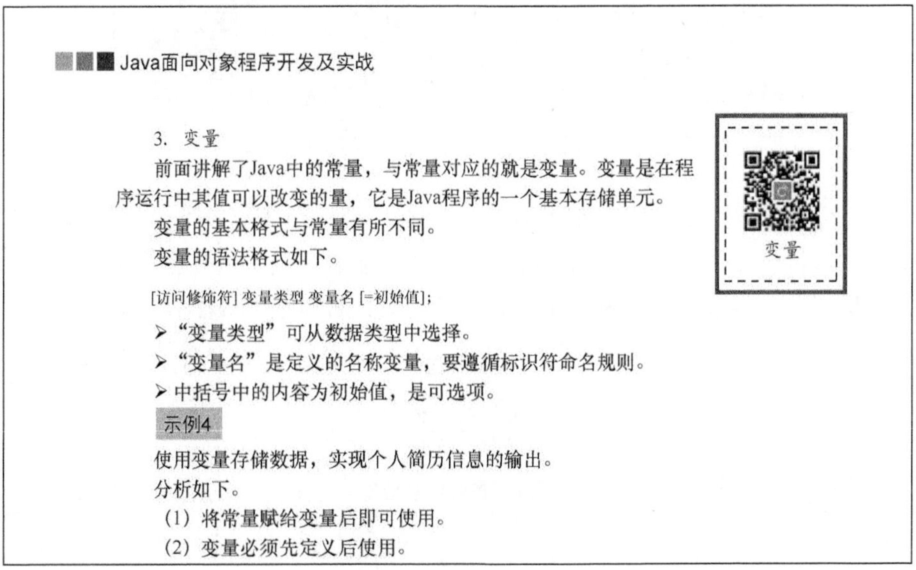

图4　定位教材二维码

图5　使用课工场App"扫一扫"扫描二维码　　图6　使用课工场App免费观看教材配套视频

3．获取专属的定制化扩展资源

（1）普通读者请访问 http://www.ekgc.cn/bbs 的"教材专区"版块，获取教材所需开发工具、教材中示例素材及代码、上机练习素材及源码、作业素材及参考答案、项目素材及参考答案等资源（注：图7所示网站会根据需求有所改版，故该图仅供参考）。

图7　从社区获取教材资源

（2）高校教师请添加高校服务QQ：1934786863（见图8），获取教材所需开发工具、教材中示例素材及代码、上机练习素材及源码、作业素材及参考答案、项目素材及参考答案、教材配套及扩展PPT、PPT配套素材及代码、教材配套线上视频等资源。

图8　高校服务QQ

目 录

第1章 Django基础 ······1

任务1.1 了解网站基础 ······2
- 1.1.1 网站的定义、组成及发展历程 ······3
- 1.1.2 网站的分类 ······4
- 1.1.3 网站的开发流程 ······7

任务1.2 初识Django ······8
- 1.2.1 什么是Django ······8
- 1.2.2 Django 开发环境搭建 ······10

任务1.3 体验第一个Django项目 ······15
- 1.3.1 创建项目 ······15
- 1.3.2 创建应用 ······16
- 1.3.3 输出"Hello World" ······18
- 1.3.4 Django 项目配置 ······19

本章作业 ······22

第2章 模型与数据库 ······25

任务2.1 了解SQL基础语句的用途 ······26
- 2.1.1 插入数据 ······27
- 2.1.2 删除数据 ······27
- 2.1.3 修改数据 ······27
- 2.1.4 查询数据 ······27

任务2.2 掌握模型与数据库的使用方法 ······28
- 2.2.1 什么是ORM ······28
- 2.2.2 构建模型 ······28
- 2.2.3 模型操作 ······32
- 2.2.4 数据表的关系 ······34
- 2.2.5 模型继承 ······38

本章作业 ······40

第3章　探究视图·· 41

任务 3.1　了解视图的构建·· 42
- 3.1.1　定义视图··· 42
- 3.1.2　路由配置··· 44
- 3.1.3　HttpRequest 与 HttpResponse 对象······················ 46
- 3.1.4　上机训练··· 50

任务 3.2　管理器 Manager 的使用·································· 50
- 3.2.1　默认管理器对象 objects································ 51
- 3.2.2　自定义管理器 Manager·································· 53

任务 3.3　通用视图的使用·· 54

任务 3.4　错误视图的使用·· 56
- 3.4.1　内置错误视图·· 56
- 3.4.2　自定义错误页面·· 57

本章作业·· 59

第4章　深入模板·· 61

任务 4.1　初识模板··· 62
- 4.1.1　什么是 Django 模板····································· 62
- 4.1.2　定义模板··· 64

任务 4.2　模板的使用·· 66
- 4.2.1　注释··· 66
- 4.2.2　模板变量··· 66
- 4.2.3　模板标签··· 67
- 4.2.4　过滤器··· 73
- 4.2.5　上机训练··· 75

本章作业·· 76

第5章　admin后台系统·· 77

任务 5.1　使用 admin 管理后台···································· 78
- 5.1.1　初识 admin 管理后台···································· 78
- 5.1.2　admin 管理后台使用步骤································· 80

任务 5.2　二次开发 admin 管理后台································ 84
- 5.2.1　列表展示设置·· 84

5.2.2　admin 后台配置项 ……………………………………………………………… 91

任务 5.3　使用 xadmin 管理后台 ……………………………………………………………… 92

　　5.3.1　xadmin 安装 ………………………………………………………………… 92

　　5.3.2　xadmin 使用 ………………………………………………………………… 93

　　5.3.3　xadmin 配置 ………………………………………………………………… 96

本章作业 …………………………………………………………………………………… 98

第6章　高级应用 ………………………………………………………………………… 101

任务 6.1　使用 Auth 认证系统 ……………………………………………………………… 102

　　6.1.1　内置 User 实现用户管理 …………………………………………………… 103

　　6.1.2　设置用户权限 ……………………………………………………………… 108

　　6.1.3　设置用户组 ………………………………………………………………… 109

任务 6.2　缓存与状态管理在项目中的应用 ………………………………………………… 110

　　6.2.1　Cache 的使用 ……………………………………………………………… 111

　　6.2.2　Session 的使用 …………………………………………………………… 112

任务 6.3　使用模型类进行高阶查询 ………………………………………………………… 115

　　6.3.1　Q 对象 ……………………………………………………………………… 115

　　6.3.2　F 对象 ……………………………………………………………………… 116

　　6.3.3　高级过滤 …………………………………………………………………… 116

任务 6.4　使用第三方应用快速开发 ………………………………………………………… 117

　　6.4.1　验证码 captcha …………………………………………………………… 118

　　6.4.2　调试工具 debug-toolbar ………………………………………………… 121

本章作业 …………………………………………………………………………………… 124

第7章　项目实战——制作在线教育平台 ………………………………………………… 127

任务 7.1　在线教育平台项目概述 …………………………………………………………… 128

　　7.1.1　需求概述 …………………………………………………………………… 128

　　7.1.2　开发环境 …………………………………………………………………… 131

　　7.1.3　覆盖技能点 ………………………………………………………………… 131

任务 7.2　搭建项目 …………………………………………………………………………… 131

　　7.2.1　项目创建 …………………………………………………………………… 131

　　7.2.2　基础配置 …………………………………………………………………… 133

　　7.2.3　模型类设计 ………………………………………………………………… 135

任务 7.3　开发功能模块 ……………………………………………………………………… 137

7.3.1	制作网站首页	137
7.3.2	制作课程详情页	138
7.3.3	制作课程章节页	140
7.3.4	制作机构中心页	141
7.3.5	制作机构课程页	142
7.3.6	制作机构讲师页	143
7.3.7	配置 admin 后台系统	143

第8章 Django项目上线部署 149

任务 8 项目上线部署 150

- 8.1 虚拟机安装 150
- 8.2 升级 Python 2.x 到 Python 3.x 152
- 8.3 项目上线配置 155
- 8.4 安装 Django 156
- 8.5 安装 uWSGI 157
- 8.6 安装 Nginx 160

第 1 章

Django 基础

本章任务

任务 1.1　了解网站基础
任务 1.2　初识 Django
任务 1.3　体验第一个 Django 项目

技能目标

- ❖ 掌握 Django 开发环境的搭建方法；
- ❖ 掌握 Django 项目创建方法；
- ❖ 掌握 Django 常用配置。

本章知识梳理

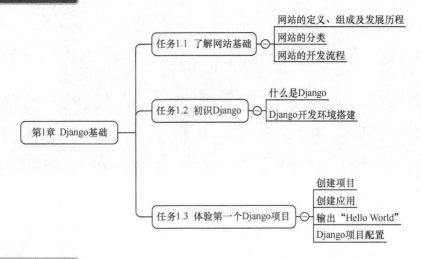

本章简介

在网络如此发达的今天，人们的生活、学习和工作基本上都离不开网络。无论是个人计算机（Personal Computer，PC）终端，还是移动客户端，基本上都是通过网络（Web）页面来呈现信息的。因此，通过 Web 页面呈现信息已成为各种信息进行共享与发布的主要形式。

Django 作为一款 Python Web 开发框架，可以简便、快速地开发数据库驱动的网站，大大节约开发时间。本章的重点内容是 Django 环境搭建与基础配置。学好本章内容，读者可为今后进行 Django 项目开发打下牢固的基础。

预习作业

1. 预习并回答以下问题

请阅读本章内容，并在作业本上完成以下简答题。
（1）简述利用 Django 搭建项目的核心步骤。
（2）简述 Django 中项目与应用的关系。

2. 预习并完成以下编码题

编写并完成本章的所有示例代码。

任务 1.1　了解网站基础

在网络已完全融入人们的日常生活的这个时代，从网络上获取信息或通过网络反馈个人信息等工作，均已离不开网站。在互联网中，网站可以说是信息的载体。本任务将介绍网站的定义与组成、网站的分类以及网站的开发流程。

1.1.1 网站的定义、组成及发展历程

网站（Website）是指在因特网上根据一定的规则，使用超文本标记语言（Hyper Text Markup Language，HTML）等工具制作的用于展示特定内容的相关网页的集合。简单地说，网站是一种沟通工具。人们可以通过网站发布自己想要公开的资讯，或者利用网站提供相关的网络服务；也可以通过网页浏览器访问网站，进而获取自己需要的资讯或者享受网络服务。

在早期，域名、空间服务器与程序是网站的基本组成部分，随着科技的不断进步，网站的组成也日趋复杂。目前，多数网站由域名（Domain Name）、网站空间（WebSite Host）、域名系统（Domain Name System，DNS）、网站程序、数据库等组成。

域名是由一串用点分隔的字母组成的互联网上某一台计算机或一个计算机组的名称，用于在数据传输时对计算机的位置（有时也指地理位置）进行标识。域名已经成为保护互联网品牌和网上商标必备的产品之一。通俗地说，域名就相当于一个家庭的门牌号码，别人通过这个号码可以很容易地找到你的住址。下面以百度官网为例进行说明。百度官网的网址 baidu.com 由两部分组成，"baidu"是这个域名的主体，"com"则是该域名的后缀，表示这是一个 com 国际域名（顶级域名）。

网站空间也称为虚拟主机空间，用于存放网站文件，如网站的页面、文字、文档、数据库、图片等。

DNS 由域名解析器和域名服务器组成，是将域名和 IP 地址相互映射的一个分布式数据库，能够使用户更方便地访问互联网，而不用去记住能够被机器直接读取的 IP 地址。

网站程序指建设与修改网站所使用的编程语言，其转换成源代码就是一堆按一定格式书写的文字和符号。常见的用于网站开发的编程语言有 Java、PHP、Python、ASP.NET 等。

数据库用于存放网站数据，常用的数据库包括 MySQL、SQL Server、Oracle 等。

掌握网站的定义及组成之后，再来了解一下网站的发展历程。在互联网发展早期，网站还只能保存单纯的文本。但经过几年的发展，图像、声音、动画、视频，甚至 3D 技术等都可以通过网站进行呈现。网站也慢慢地发展成为我们现在看到的图文并茂的样子。利用动态网页技术，用户可以与其他用户或者网站管理者进行交流，也可以享受一些网站提供的电子邮件服务或在线交流服务。

- 1961 年，美国麻省理工学院的伦纳德·克兰罗克（Leonard Kleinrock）博士发表了讲解分组交换技术的论文，该技术后来成了互联网的标准通信方式。
- 1969 年，美国国防部开始启动具有抗核打击性的计算机网络开发计划"ARPANET"。
- 1971 年，美国 BBN 科技公司的工程师雷·汤姆林森（Ray Tomlinson）开发了电子邮件（E-mail）。此后，ARPANET 的技术开始向大学等研究机构普及。

➢ 1983 年，ARPANET 宣布将进行通信协议转换，即从网络控制协议（Network Control Protocol，NCP）向传输控制协议/互联网协议（Transmission Control Protocol/Internet Protocol，TCP/IP）过渡。

➢ 1988 年，美国伊利诺斯大学的学生史蒂夫·多那（Steve Dorner）开始开发电子邮件软件"Eudora"。

➢ 1991 年，欧洲粒子物理研究所的科学家蒂姆·伯纳斯·李（Tim Berners-Lee）开发了万维网（World Wide Web）。此外，他还开发了极其简单的浏览器（浏览软件）。此后，互联网开始向社会大众普及。

➢ 1993 年，伊利诺斯大学美国国家超级计算机应用中心的学生马克·安德里森（Mark Andreesen）等人开发了真正的浏览器"Mosaic"。该软件后来被作为网景导航者（Netscape Navigator）推向市场。此后，互联网开始爆炸式地普及。

正是因为采用了具有扩展性的通信协议 TCP/IP，我们才能够将不同网络相互连接。因此，开发 TCP/IP 协议的加州大学洛杉矶分校的学生温顿·瑟夫（Vinton Cerf）甚至被誉为"互联网之父"。

> **经验**
>
> 不同后缀的域名有不同的含义。目前，域名共分为两类：一类是国别（地区）域名（ccTLD），如中国的.cn、美国的.us、俄罗斯的.ru 等；另一类是国际通用顶级域名（gTLD），如.com、.xyz、.top、.wang、.pub、.xin、.net 等。两类共计 1000 多种。
>
> 常用域名后缀介绍如下。
>
> .com：商业性的机构或公司。
> .net：从事 Internet 相关的网络服务机构或公司。
> .org：非营利组织。
> .gov：政府部门。
> .edu：教研机构。
> .cn：中国国内域名。

1.1.2 网站的分类

日常浏览网站的时候，我们会遇到各种各样的网站，如图 1.1～图 1.4 所示。网站可以大体划分为四种类型：资讯门户类、企业品牌类、电商类、办公及政府机构类。

1. 资讯门户类网站

资讯门户类网站以提供资讯信息为主，是目前应用较为普遍的网站形式之一。资讯门户类网站还可以细分为地方生活门户、个人门户、综合性门户网站等。在全球范围内，较为著名的门户网站有谷歌和雅虎等；我国著名的门户网站有新浪网、网易、搜狐、腾讯网、新华网等。

第 1 章　Django 基础

图1.1　资讯门户类网站

图1.2　企业品牌类网站

图1.3　电商类网站

图1.4　办公及政府机构类网站

资讯门户类网站功能建设的核心主要涉及以下 4 个方面。

- 系统架构：系统架构的目的是保障网站安全高效地运行，一般选用支持高并发的框架。
- 权限管理：资讯门户类网站通常会有很多类目，因此，在底层开发时，开发人员会设立权限管理，根据不同的权限分配对应的栏目，这样便于公司各部门协作及网站运营。
- 内容管理：资讯门户类网站大多是通过内容来吸引用户的，因此，关于内容的创作和发布成了各资讯门户类网站编辑的首要大事。除了内容外，网站还要将内容更好地展示出来，这就涉及编辑平台对图片、文本、音频等信息的排版。
- 用户管理：资讯门户类网站拥有庞大的用户群体。网站管理员可以通过打标签、用户画像绘制等操作对用户进行有效管理。

2. 企业品牌类网站

企业品牌类网站以企业品牌形象及创意为主，通过对企业品牌的塑造、企业动态和企业信息的介绍，使浏览该网站的用户能够了解企业情况，了解企业所提供的服务和产品，并可以通过在线沟通等方式与企业建立联系。

目前，基本上每个企业都会有自己的企业品牌类网站。企业品牌类网站对于用户界面（User Interface，UI）设计要求较高，需要将企业文化、理念融合到设计中，并能够使其精美地呈现出来。企业品牌类网站在功能上会相对简单，主要涉及以下两个方面。

- 后台系统：目前企业品牌类网站多采用动态技术，即网页中信息采用动态加载的形式。这样就需要一个后台管理系统，针对企业品牌类网站的栏目、信息等进行动态维护。
- 前端展示：企业品牌类网站就像一个企业的网络名片，由于它这一独特的属性，所以在设计和制作上会加入更多炫酷的效果，如早期多使用 Flash，如今则采用 CSS3 动画的形式较多。

3. 电商类网站

电商类网站是企业、机构或者个人在互联网上建立的一个站点。它是企业、机构或者个人开展电商的基础设施和信息平台，是实施电商的交互窗口，是从事电商的一种手段。常见的电子商务模式有 B2B、B2C、C2C 等，阿里巴巴、慧聪网等大型门户网站是 B2B 的代表，而当当、京东、凡客等知名电商企业是 B2C 的代表，淘宝则是 C2C 的主要代表。

电商类网站主要围绕用户、商品、订单这 3 个模块进行，在功能与业务上相对复杂，主要涉及以下 4 个方面。

- 后台系统：一般电商类网站除了所展示的网站外，还会配有很多单独的管理系统，如交易系统、客户关系管理（Customer Relationship Management，CRM）系统、企业资源计划（Enterprise Resource Planning，ERP）系统、物流系统、用户管理系统等。
- 用户管理：无论是 B2B 还是 B2C 模式，最后的终端都可以被理解为用户，电商类网站会针对用户进行管理，划分用户等级，如 VIP 管理系统等。
- 订单管理：该模块的功能是在用户购买商品后生成订单，并对订单进行状态管理，同时由于一般电商类网站都会接入第三方支付平台，所以还需要进行接口对接，以提供多种支付方式，方便用户消费。
- 商品管理：该模块的功能是实现商品的信息呈现、库存更新。商品是电商类网站所销售的内容，对此应有专门的管理，如进销存管理等。

4．办公及政府机构类网站

办公及政府机构类网站是我国各级政府机关履行职能、面向社会提供服务的官方网站，是政府机关实现政务信息公开、服务企业和社会公众、互动交流的重要渠道。

办公及政府机构类网站更多是为了方便相关部门的信息互通、统一数据处理和共享文件资料等而建立的。面向用户端的网站主要以公告展示、信息汇总等形式呈现。办公及政府机构类网站在功能上主要涉及以下两个方面。

- 数据接口：由于各个部门都有独立的系统，如须进行信息互通，首先要做的就是开放数据接口，实现业务系统的数据整合工作。
- 用户管理：统一用户管理的权限和管理权限体系。

1.1.3 网站的开发流程

了解了网站的定义及其分类之后，读者可能还想知道一个完整的网站究竟是如何被建立起来的。本节将对网站的开发流程及其建设过程中的各个环节进行讲解。

1．需求分析

当打算开发一个网站或项目时，网站开发人员首先要做的事情就是对网站或项目进行需求分析，了解网站的类型、面向人群、具体功能、业务逻辑、网站风格等。

2．平台规划

接下来对平台内容进行静态规划，如这个网站主要经营哪些内容，这些内容在网站中的表现形式。划分好内容之后可以结合网站的主题进行栏目划分、包装，如确定色彩的主色、辅色、版式设计等。平台规划阶段主要目的在于重新确定需求设计，并根据用户的需求结合网站主体进行内容草图的规划。

3．界面设计

根据网站的草图或者网站的原型图由 UI 设计师进行界面设计。UI 设计师应结合用户需求、网站定位，进行布局、配色的整体设计。一个好的设计图往往能够让人眼前一亮，也能更加有效地呈现网站想要传达的信息。

4．程序开发

在 UI 设计师完成效果图设计之后，网站还停留在平台效果图上，只有经过开发工程师进行程序开发，才能成为一个可以动态交互的网站。在公司中，程序开发人员可以简单划分为前端工程师和后端工程师。前端工程师主要将效果图制作成 HTML 页面，并添加所需动态效果。后端工程师主要负责数据的处理，如数据库的设计、数据的交互以及更多逻辑处理。

5. 测试上线

网站被开发完成后，还需要进行许多功能测试才能最终上线。一般，在公司中会有测试工程师岗位，其主要职责是针对网站进行相应的黑盒测试、白盒测试。测试通过后，网站会被上线到服务器或其他云服务器上，并被配置域名，用户可以通过域名访问该网站。至此，一个能够和用户进行交互的网站才算开发完成。用户可以浏览网站，并使用网站功能。

6. 运营维护

网站上线并不意味着整个项目组的工作结束，上线后的项目会被移交运营维护部门，该部门会根据网站运营的实际情况不断完善网站，定期进行修复和升级，以保障网站的正常运营。

> 黑盒测试又称为功能测试，主要用于检测软件的每一个功能是否能够正常使用。在测试过程中，只需要将程序看作不能打开的黑盒子，而不必考虑程序内部结构和特性，通过程序接口进行测试，检查程序功能是否能够按照设计需求以及说明书的规定正常打开使用。
>
> 白盒测试也称为结构测试，主要用于检测软件编码过程中的错误。程序员的编程经验、对编程软件的掌握程度、工作状态等因素都会影响到编程质量，甚至导致代码错误。

任务1.2 初识 Django

通过对前面知识的学习，相信读者已经了解了网站的分类及开发流程，那如何快速进行 Web 项目的开发呢？下面就给读者介绍一款 Python 的 Web 开发框架——Django。

1.2.1 什么是 Django

Django 是一个开放源代码的 Web 应用框架，使用 Python 语言写成。其采用了 MTV 的框架模式，即模型（Model）、模板（Template）和视图（View）。它最初被用于管理劳伦斯出版集团旗下的一些以新闻内容为主的网站，即内容管理系统（Content Management System，CMS）软件，并于 2005 年 7 月在伯克利软件套件（Berkeley Software Distribution，BSD）许可证下发布。这套框架是以比利时的吉普赛爵士吉他手 Django 的名字来命名的。

Django 是一个基于 MVC 构造的框架。但是在 Django 中，控制器接受用户输入的部分由框架自行处理，所以 Django 更关注的是模型、模板和视图，称为 MTV 模式。现对 MTV 模式各自的职责介绍如下。

- 模型：即数据存取层，处理与数据相关的所有事务，包括如何存取、如何验证有效性、包含哪些行为以及数据之间的关系等。
- 模板：即表现层，处理与表现相关的决定。
- 视图：即业务逻辑层，负责存取模型及调取恰当模板的相关逻辑，是模型与模板的桥梁。

理解MTV模式

Django 的主要目标是简便、快速地开发数据库驱动的网站。它强调代码复用，多个组件可以很方便地以"插件"形式服务于整个框架。Django 有许多功能强大的第三方插件，甚至可以很方便地开发出自己的工具包，这使 Django 具有很强的可扩展性。同时 Django 还强调快速开发和避免编写重复代码（Do Not Repeat Yourself，DRY）原则。Django 基于 MVC 的设计十分优美。

- 对象关系映射（Object-Relational Mapping，ORM）：以 Python 类形式定义数据模型，利用 ORM 将模型与关系数据库连接起来，从而将得到一个非常容易使用的数据库应用程序接口（Application Program Interface，API），同时也可以在 Django 中使用原始的 SQL 语句。
- URL 分派：使用正则表达式匹配 URL，开发时可以设计任意的 URL，没有框架的特殊限定。
- 模板系统：使用 Django 强大、可扩展的模板语言，可以分隔设计和 Python 代码，并且具有可继承性。
- 表单处理：可以方便地生成各种表单模型，实现表单的有效性检验；还可以方便地从定义的模型实例生成相应的表单。
- Cache 系统：完善的缓存系统，支持多种缓存方式。
- 会话（Session）：用户登录与权限检查，快速开发用户会话功能。
- 国际化：内置国际化系统，方便开发出多种语言的网站。
- admin 管理系统：Django 自带一个 admin site，类似于内容管理系统，功能非常强大。

2017 年 12 月 2 日，Django 官方发布了 2.0 版本，成为多年来的第一次大版本提升。Django 2.0 支持 Python 3.4、Python 3.5 和 Python 3.6，同时 Django 2.0 不再支持 Python 2，Django 1.11.x 是支持 Python 2.7 的最后版本。

Django 2.0 版本也成为主流的开发版本，本书中将使用 Django 2.0 版本进行开发。关于 Django 2.0 版本的更多新特性介绍如下。

- 简化了 URL 路由语法。
- admin 管理系统对移动端更加友好。
- django.contrib.auth 用户认证，PBKDF2 密码哈希默认的迭代次数从 36000 增加到 100000。
- Cache 缓存，cache.set_many() 返回一个列表，其中包含了插入失败的键值。
- Migrations 迁移，新增 squashmigrations --squashed-name 选项。

- Pagination 分页，增加 Paginator.get_page()，可以处理各种非法页面参数，防止异常。
- Template 模板，提高 Engine.get_default()在第三方模块的用途。
- Tests 测试，为 LiveServerTestCase 添加多线程支持。

> **经验**
>
> Python Web 开发有三大主流框架：Django、Flask、Tornado，三者之间有何区别呢？
>
> Django：Python 界最全能的 Web 开发框架，各项功能完备，在可维护性和开发速度方面都有非常出色的表现。
>
> Tornado：Tornado 相比 Django 是较为原始的框架，许多内容需要自己去处理，如对性能有更高的要求，Tornado 是一个比较好的选择。
>
> Flask：Flask 是在 2010 年被开发的，也被称为微框架的典范，其灵活性更高，通常用于较小的项目。
>
> 目前在企业中和招聘中还是以 Django 为首选。在本质上，三款框架没有太大的差别。如果学习了其中一个，那么再学习另外两个成本都不会太高，所以可以先选择 Django 作为 Web 开发的第一款框架进行学习。

1.2.2 Django 开发环境搭建

介绍完什么是 Django 之后，本节就正式开始 Django 环境的搭建与开发工具的安装，本书示例均在 Windows 系统上开发，选择 Django 2.2.3 版本，Python 3.6.3 版本。

1．Python 环境搭建

在安装 Django 之前，首先要在本地安装 Python。打开 Python 官网找到"Downloads"，如图 1.5 所示。

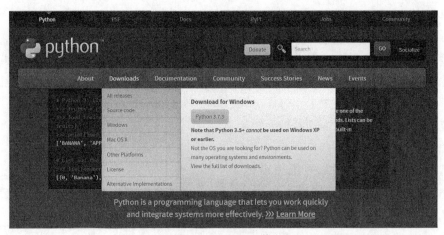

图1.5　Python下载

这里选择 Windows 进入下载页面，选择 Python 3.x 以上版本进行安装（本书中版本为 Python 3.6.3）。注意不要安装 Python 2.x 版本，因为 Django 2.0 后将不再支持 Python 2.x 版本。Python 下载程序并选择可执行安装程序，即后缀为 .exe 的文件。

安装 Python 时注意勾选"Add Python 3.6 to PATH"，如图 1.6 所示，表示添加到环境变量，否则后期还须进行单独配置。

图1.6　Python安装

后续的安装步骤非常简单，只须选择下一步即可，这里不再单独配图说明。

Python 安装完成后，按 Windows+R 组合键启动程序，并在弹出框中输入 CMD 进入命令行中，输入 Python 命令，结果如图 1.7 所示，则表示安装成功，如果提示 Python 不是内部或外部命令，则表示安装失败，须重新安装。

图1.7　Python安装成功

> **说明**
>
> pip 是 Python 包管理工具，Python 2.7.9＋或 Python 3.4＋以上版本都自带 pip 工具，也可以使用 pip –version 命令判断是否已安装。该工具提供了对 Python 包的查找、下载、安装、卸载的功能，后续 Django 的安装也将通过 pip 进行，所以这里也要保证 pip 的正常安装。读者若想要了解更多 pip 的内容，可以访问 pip 官网。

2. 搭建虚拟环境

通过 virtualenv 命令可以搭建虚拟且独立的 Python 运行环境，从而使单个项目的运行环境与其他项目相互独立，这不仅能防止与其他应用发生冲突，也非常便于后期升级。

安装命令：pip install virtualenv

安装成功后，通过命令 virtualenv testpro_venv 可以创建虚拟环境。执行命令创建虚拟环境，如图 1.8 所示。

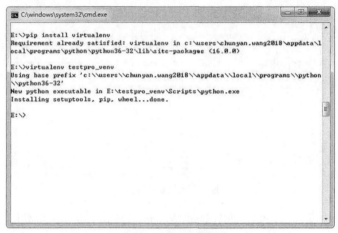

图1.8　创建虚拟环境

virtualenv testpro_venv 命令将会在当前的目录中创建一个文件夹，文件夹中包含了 Python 可执行文件，以及 pip 库的一份副本，这样就能安装其他包了。虚拟环境的名字（此例中为 testpro_venv）可以是任意的；若省略名字，则文件均会被放在当前目录。在任何运行命令的目录中，都会创建 Python 的副本，并将副本内容放在 testpro_venv 的文件夹，文件夹中内容如图 1.9 所示。

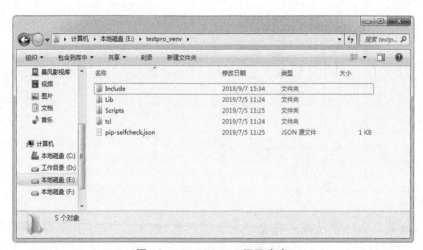

图1.9　testpro_venv目录内容

虚拟环境创建完成后，通过命令 Scripts\activate 进入虚拟环境，如图 1.10 所示。

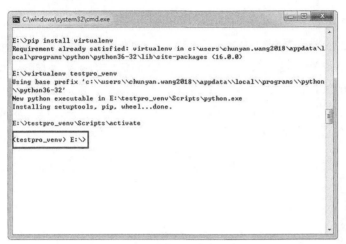

图1.10 进入虚拟环境

下面就可以在虚拟环境中安装 Django 了。

3．安装 Django

安装命令：pip install django

输入指令后按回车键，系统会自动下载 Django 2.0 版本并进行安装，如图 1.11 所示，我们只须等待安装完成即可。

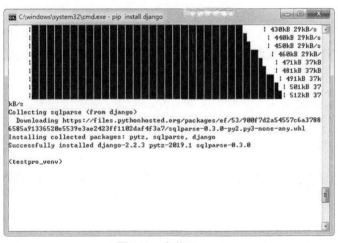

图1.11 安装Django

安装完成后，为了进一步检测是否安装成功，可进行如下操作：按 Windows+R 组合键启动程序，并在弹出框中输入 CMD 进入命令行中，输入 Python 按回车键进入 Python 交互模式，输入下面的校验代码。

```
>>>import django
>>>django.__version__
'2.2.3'
```

通过上面的校验结果，可以看到当前安装的 Django 2.2.3 版本，说明 Django 已经成功安装。

4. 开发工具安装

目前市面上的编辑器有很多,如 PyCharm、VSCode、Sublime Text 等,本书中选择的是 VSCode。VSCode 是一款免费的、开源的、高性能的、跨平台的、轻量级的代码编辑器,同时,在性能、语言支持、开源社区方面也有着非常出色的表现。

VSCode 的安装非常简单,只需要在 VSCode 官网上根据系统下载对应的安装包到本地,即可立刻运行进行安装。安装成功后,启动界面如图 1.12 所示。

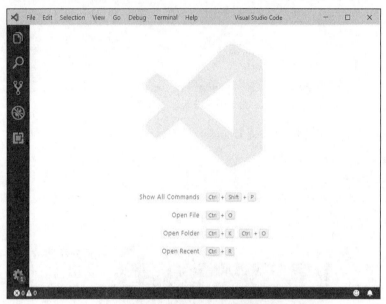

图1.12 VSCode启动界面

同时,VSCode 还提供了大量的扩展插件,扩展插件的使用有助于提升开发效果,其可以通过点击"扩展"按钮进行安装,也可以通过访问 VSCode 扩展插件网站进行获取,如图 1.13 所示。

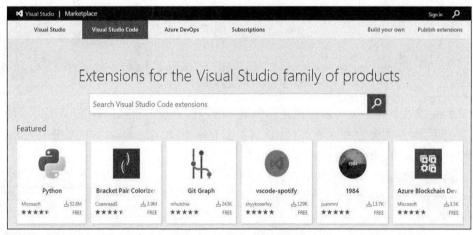

图1.13 VSCode扩展插件

任务 1.3 体验第一个 Django 项目

一个 Django 项目完整的开发流程包括创建项目、创建应用、定义模型类、生成数据表、配置 admin 后台、定义视图、配置路由、模板展示数据。本任务将选择其中几个关键步骤快速搭建第一个 Django 项目，并输出"Hello World"。

1.3.1 创建项目

可以把一个项目简单理解为一个网站，在 Django 环境搭建完成之后，就可以开始创建第一个 Django 项目。按 Windows+R 组合键启动程序，并在弹出框中输入 CMD 进入命令行中，输入如下指令进行项目的创建：

```
>>>django-admin startproject mydjango
```

其中，mydjango 为项目名称，命名时要注意命名规范问题。命令执行完成后会在当前目录下创建一个 mydjango 文件夹，用于存储 Django 项目。在 VSCode 下查看项目目录结构，如图 1.14 所示。

图 1.14 项目目录结构

mydjango 目录下包含 manage.py 文件与 mydjango 文件夹，mydjango 文件夹中又包含 4 个 Python 文件。关于这几个文件的介绍如下。

- ➢ manage.py：命令行工具，允许以多种方式与项目进行交互。在 CMD 命令行窗口下切换到当前项目，可以使用 python manage.py help 命令查看该工具具体功能。
- ➢ __init__.py：初始化文件，声明该目录是一个 Python 包。
- ➢ settings.py：项目的配置文件。
- ➢ urls.py：项目的 URL 路由总管理文件。
- ➢ wsgi.py：一个兼容的 Web 服务器入口，以便于项目的运行发布。

1.3.2 创建应用

项目创建完成后,接下来需要创建应用。一个项目可以包含多个应用,具体根据系统的功能进行划分。例如,一个电商项目可以包含商品应用、用户应用、订单应用等。创建应用的操作如下:通过按 Windows+R 组合键启动程序,并在弹出框中输入 CMD 进入命令行中,再通过指令进入项目的所在目录,即与 manage.py 文件同级,输入如下指令进行应用的创建。

```
>>>python manage.py startapp users
```

指令执行完成后,在 VSCode 下查看当前项目的目录结构,如图 1.15 所示。

图1.15 当前项目目录结构

从图 1.15 中可以看到,创建完应用后,当前项目目录下新增了一个 users 的目录,users 就是刚创建的应用名。下面对 users 目录中的文件进行说明。

➢ migrations:数据迁移模块。
➢ __init__.py:初始化文件,声明该目录是一个 Python 包。
➢ admin.py:当前应用的后台管理系统。
➢ apps.py:当前应用的配置信息。
➢ models.py:定义与数据库关联的映射类,即 MTV 中的"M"。
➢ tests.py:自动化测试模块。
➢ views.py:逻辑处理模块,即 MTV 中"V"。

将创建完成的应用添加到项目配置的 INSTALLED_APPS 中,代码如下。

```
INSTALLED_APPS = [
    'django.contrib.admin',
    'django.contrib.auth',
```

```
        'django.contrib.contenttypes',
        'django.contrib.sessions',
        'django.contrib.messages',
        'django.contrib.staticfiles',
        'users'
]
```

完成项目下应用的创建后，可以启动项目，如图1.16所示，项目启动指令如下。

\>>>python manage.py runserver

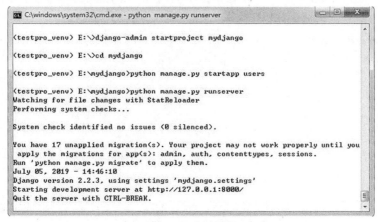

图1.16　启动项目

项目启动成功后，在浏览器中访问http://localhost:8000/，运行效果如图1.17所示。

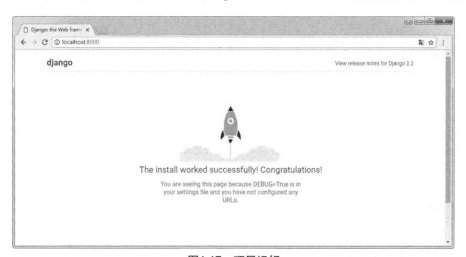

图1.17　项目运行

 经验

启动 Django 项目时，如果没有指定端口，则默认端口为8000，如须指定端口，则可在启动指令后添加上指定的端口号。运行 python manage.py runserver 80 命令，项目的端口就变成了80。

1.3.3 输出"Hello World"

users 应用创建完成需要提前加入 INSTALL_APPS 中，在 users 应用下的 views.py 文件中配置视图函数，代码如下。

```
from django.http import HttpResponse
def index(request):
    return HttpResponse("Hello World")
```

视图函数配置完成后，配置 URL 路由，找到项目 mydjango 目录下的 urls.py，添加一条新的路由配置，代码如下。

```
from django.urls import path
from users.views import index
urlpatterns=[
    path('index/', index)
]
```

以上全部配置完成后，在 CMD 命令行中输入指令，进入当前项目目录下，使用 python manage.py runserver 命令启动项目，在浏览器中打开 http://localhost:8000/index/，运行效果如图 1.18 所示。

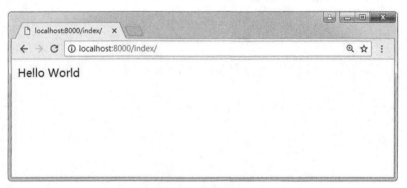

图1.18　运行效果

通过图 1.18 可以看到项目已经成功运行，并输出"Hello World"。关于视图和路由配置的内容在后续章节中还会详细讲解，这里仅能运行并看到效果即可。

经验

> 理解 Django 视图工作原理：视图函数被放在叫作 views.py 的文件中，这个文件位于 Django 工程目录下；把 URL 映射到视图是在工程目录下找到 urls.py 设置 urlpatterns 变量值；当请求一个页面时，会进行路由匹配，匹配成功后，Django 会建立一个包含请求元数据的 HttpRequest 对象；当 Django 加载对应的视图时，HttpRequest 对象将作为视图函数的第一个参数；每个视图会返回一个 HttpResponse 对象。

1.3.4 Django 项目配置

在实际开发中可以根据项目需求对 Django 项目进行配置，配置信息主要集中在 settings.py 文件中。下面介绍 Django 项目开发中常用的配置项。

1. 调试配置

```
DEBUG=True; //打开调试模式
```

在 settings.py 配置文件中有关于调试的配置项，其值为布尔类型。项目创建完成后，该配置项的默认值为 True，即表示将调试模式打开，这样就可以在运行项目（进行调试）的过程中，将发生的错误直接暴露出来，从而便于查找并解决问题。

如果要将项目部署上线，则应将 DEBUG 值修改为 False，即关闭调试模式。因为对于一个即将展现给用户的网页来说，开发者能够通过该操作避免用户直接看到其所暴露出来的错误信息，同时也能有效避免泄露系统信息。

项目上线时，除了关闭调试模式外，还需要在 settings.py 文件下配置 ALLOWED_HOSTS 项，用于设置可访问的域名，其默认值为空。当 DEBUG 为 True 并且 ALLOWED_HOSTS 为空时，项目只允许以 localhost 或 127.0.0.1 的方式在浏览器中访问。当 DEBUG 为 False 时，ALLOWED_HOSTS 则为必填项，否则程序将无法启动。如果想要通过所有域名都可以访问该项目，则应进行以下配置。

```
ALLOWED_HOSTS=['*']
```

如须指定域名，则应进行以下配置。

```
ALLOWED_HOSTS=['www.baidu.com']
```

2. 应用配置

Django 项目创建完成后，在 settings.py 文件中会包含一个 INSTALLED_APPS 配置，如图 1.19 所示，可以将 INSTALLED_APPS 理解为已加载的应用。

```
settings.py ×
mydjango › settings.py

# Application definition

INSTALLED_APPS = [
    'django.contrib.admin',
    'django.contrib.auth',
    'django.contrib.contenttypes',
    'django.contrib.sessions',
    'django.contrib.messages',
    'django.contrib.staticfiles',
]
```

图1.19 应用列表

其中对 Django 默认加载的应用介绍如下。

➢ django.contrib.admin：管理后台。

➢ django.contrib.auth：身份验证系统。

➢ django.contrib.contenttypes：内容类型框架。
➢ django.contrib.sessions：会话框架。
➢ django.contrib.messages：消息框架。
➢ django.contrib.staticfiles：管理静态文件的框架。

在后续开发过程中，无论是第三方应用还是自己创建的应用都需要配置到 INSTALLED_APPS 下，只有配置后的应用才会生效，否则默认是没有加载新增应用的。如须将前面创建的 users 应用加载进来，则应进行以下代码所示配置。

```
INSTALLED_APPS = [
    'django.contrib.admin',
    'django.contrib.auth',
    'django.contrib.contenttypes',
    'django.contrib.sessions',
    'django.contrib.messages',
    'django.contrib.staticfiles',
    'users' #新增应用
]
```

3．中间件配置

中间件是 Django 请求/响应处理的钩子框架。它是一个轻巧的低级"插件"系统，用于全局改变 Django 的输入或输出。每个中间件组件负责执行某些特定功能。中间件的执行流程如图 1.20 所示。

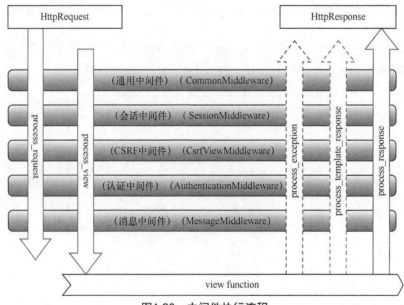

图1.20　中间件执行流程

通过图 1.20 可以清晰地看到，用户在网站中发送了一个 HttpRequest 请求后，会得到一个内容为 HttpResponse 的响应。每一个请求都须先通过中间件中的 process_request() 函数进行处理。该函数返回 None 或 HttpResponse 对象，如果返回 None，继续处理其他中间件，如果返回 HttpResponse，则处理终止，并将 HttpResponse 返回网页。process_request()函数正常执行完毕后，系统会进入路由阶段查找与 process_request()函数的输出相对应的视图。在执行视图函数之前，系统会先执行 process_view()函数。若视图执行过程中发生异常，Django 将自动调用中间件的 process_exception()函数，该函数要么返回 None，要么返回一个 HttpResponse 对象。正常情况下，一个视图执行完后系统会渲染一个模板，其会通过 process_template_response()函数返回给用户。process_response()函数则会在视图函数执行完毕后执行。

中间件执行过程中，系统经过 Django 配置的中间件处理请求信息，中间件自上而下执行，执行完相关操作后系统即会将所得结果响应给用户。利用中间件可以执行很多操作，如访问计数、日志记录、逻辑处理等。

Django 项目中默认提供了许多中间件，已经可以满足大部分的开发需求，在 settings.py 中可以看到 MIDDLEWARE 默认的中间件，如图 1.21 所示。

```
43  MIDDLEWARE = [
44      'django.middleware.security.SecurityMiddleware',
45      'django.contrib.sessions.middleware.SessionMiddleware',
46      'django.middleware.common.CommonMiddleware',
47      'django.middleware.csrf.CsrfViewMiddleware',
48      'django.contrib.auth.middleware.AuthenticationMiddleware',
49      'django.contrib.messages.middleware.MessageMiddleware',
50      'django.middleware.clickjacking.XFrameOptionsMiddleware',
51  ]
```

图1.21　默认中间件

默认中间件配置为列表类型，后续如须自定义中间件，则应将自定义中间件名称添加到 MIDDLEWARE 配置中。默认的中间件每项含义介绍如下。

- SecurityMiddleware：内置的安全机制。
- middleware.SessionMiddleware：会话功能。
- CommonMiddleware：处理请求信息。
- CsrfViewMiddleware：开启跨站请求伪造（Cross-site Request Forgery，CSRF）防护。
- AuthenticationMiddleware：开启内置的用户认证。
- MessageMiddleware：开启内置的信息提示功能。
- XFrameOptionsMiddleware：防止恶意程序点击劫持。

注意

配置 MIDDLEWARE 时，每个中间件的先后顺序是固定的，执行过程会依此顺序进行，如果随意变更该顺序，则有可能导致程序异常。

4. 数据库配置

Django 对各种数据库（包括 PostgreSQL、MySQL、SQLite 和 Oracle 等）提供了很好的支持，默认使用的数据库为 SQLite，默认配置如图 1.22 所示。

```
74
75  # Database
76  # https://docs.djangoproject.com/en/2.2/ref/settings/#databases
77
78  DATABASES = {
79      'default': {
80          'ENGINE': 'django.db.backends.sqlite3',
81          'NAME': os.path.join(BASE_DIR, 'db.sqlite3'),
82      }
83  }
```

图1.22　默认数据库配置

项目开发过程中，可以在配置文件中针对数据库进行配置，如须将数据库切换为 MySQL，则配置内容如下。

```
# Database
# https://docs.djangoproject.com/en/1.11/ref/settings/#databases
DATABASES={
    'default': {
        'ENGINE': 'django.db.backends.mysql',
        'NAME': "mydb",
        'USER': 'root',
        'PASSWORD': "123456",
        'HOST': "127.0.0.1",
        'PORT': 3306
    }
}
```

除了上面所介绍的配置外，Django 还有许多非常实用的配置项，在后面的章节中还将对所涉及的更多配置项的内容进行详细讲解，本节只需要了解基本配置项即可。

➡ 本章作业

1. 选择题

（1）下列选项中的域名后缀与对应描述正确的是（　　）。

　　A．.com：商业性的机构或公司

　　B．.net：从事 Internet 相关的网络服务机构或公司

　　C．.cn：中国国内域名

　　D．.gov：政府部门

（2）关于 Django 2.0 新特性描述正确的是（　　）。

　　A．简化了 URL 路由语法　　　　B．提供 admin 后台管理系统

　　C．增加了 Paginator.get_page()　　D．支持数据库迁移

(3) 下列配置项中描述错误的是（　　）。

　　A. ALLOWED_HOSTS 设置可访问的域名，默认值为空

　　B. INSTALLED_APPS 指定 App 列表

　　C. DEGUG 指定调试模式，该值为布尔值，主要在开发调试阶段应设置为 False

　　D. BASE_DIR 指定项目路径

(4) 下列选项中是 Django 支持的数据库有（　　）。

　　A. MySQL　　　　　　　　　B. SQLite3

　　C. Oracle　　　　　　　　　D. PostgreSQL

(5) Django 中如须创建应用，则下列命令正确的是（　　）。

　　A. python manage.py startapp users

　　B. python manage.py startproject users

　　C. django-admin startproject users

　　D. django-admin startapp users

2．简答题

(1) 简述 Django MTV 模式中的"M""T""V"分别表示的含义和各自的职责。

(2) 简述搭建 Django 开发环境所需要的步骤，以及其中搭建虚拟环境的作用。

作业答案

第 2 章

模型与数据库

本章任务

任务 2.1　了解 SQL 基础语句的用途
任务 2.2　掌握模型与数据库的使用方法

技能目标

- 理解 SQL 语句语法；
- 理解 ORM 的作用；
- 掌握模型类的使用方法；
- 掌握模型类的继承操作。

本章知识梳理

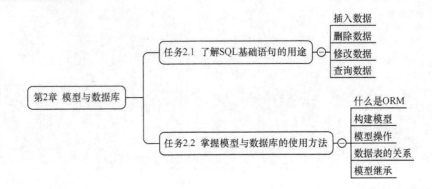

本章简介

为了使开发人员可以利用 Django 框架简便、快速地开发数据库驱动的网站，在 Django 中使用模型至关重要。本章将讲解 Django 模型，即 MTV 架构模式中的"M"，包括如何构建模型、数据表关系、模型继承等。通过本章的学习，读者可快速上手并完成项目的模型搭建和数据表设计。

预习作业

1. 预习并回答以下问题

请阅读本章内容，并在作业本上完成以下简答题。

（1）简述 SQL 的增、删、改、查语句。

（2）简述 Django 中 ORM 框架的作用。

2. 预习并完成以下编码题

编写并完成本章的所有示例代码。

任务 2.1 了解 SQL 基础语句的用途

结构化查询语言（Structured Query Language，SQL）的主要功能是同关系型数据库建立连接，并进行读取操作。按照美国国家标准协会（American National Standard Institute，ANSI）的规定，SQL 被用作关系型数据库管理系统的标准语言。通过 SQL 语句可以实现从数据库中查询数据、插入数据、修改数据、删除数据等。

在 Django 中对数据库的操作是通过 ORM 完成的，但是 ORM 只起到了转换的作用，最后还是需要通过生成 SQL 语句来执行操作，只不过其步骤不需要开发人员手动编写。为了便于读者更好地理解后面章节的内容，本任务将对 SQL 语句中的插入、删除、修改、查询这 4 类指令的语法进行说明。

2.1.1 插入数据

在 SQL 语句中，开发人员可通过 INSERT INTO 语句向表中插入数据。INSERT INTO 语句有以下两种编写形式。

第一种：无须指定要插入数据的列名，只须提供被插入的值即可，代码如下。

```
INSERT INTO table_name VALUES (value1,value2,value3,…);
```

其中 table_name 为数据库中的表名，而小括号中的 value1～value3 则为每个字段对应的值。

第二种：需要指定要插入数据的列名及被插入的值，代码如下。

```
INSERT INTO table_name (column1,column2,column3,…)
VALUES (value1,value2,value3,…);
```

其中 column1 与 value1 相对应，其余数值的对应关系可以此类推获得。

2.1.2 删除数据

SQL 语句中的 DELETE 语句可用于删除表中的记录。DELETE 删除语句的基本语法如下。

```
DELETE FROM table_name WHERE column1=value;
```

在上述语法中，WHERE 为关键字，其后的内容为删除条件，即 column1 等于指定的 value 时，才会进行删除操作，否则不做处理。这一点非常重要。如果在删除语句中没有指定 WHERE 条件，则该数据表中的所有数据都将被删除。

2.1.3 修改数据

SQL 语句中的 UPDATE 语句可用于更新表中的记录。UPDATE 更新语句的基本语法如下。

```
UPDATE table_name SET column1=value1,column2=value2,… WHERE column1=value;
```

在上述语法中，WHERE 后面的条件如果没有添加，SQL 语句将会更新该数据表的所有记录。因此，开发人员在使用 SQL 语句时一定要注意其中的条件语句。

2.1.4 查询数据

SQL 语句中的 SELECT 语句可用于在数据库中查询数据。SELECT 查询语句的基本语法有以下两种。

第一种：SELECT column_name,column_name FROM table_name;

在上述语法中，SELECT 后面的内容是表中的字段名称，即需要查询的字段。在查询语句的最后也可以添加 WHERE 条件,具体根据实际情况进行选择。一旦添加 WHERE 条件，则只有符合查询条件的数据才会被返回。

第二种：SELECT * FROM table_name;

上述语法表示查询表中全部的字段。在上述语法对应的查询语句最后同样可以添加 WHERE 条件语句。

任务 2.2 掌握模型与数据库的使用方法

Django 对各种数据库提供了很好的支持，包括 PostgreSQL、MySQL、SQLite 和 Oracle，同时还为这些数据库提供了统一的调用 API，这些 API 统称为 ORM 框架。通过使用 Django 内置的 ORM 框架可以实现数据库连接和读写操作。本任务将详细介绍 ORM 框架及应用。

2.2.1 什么是 ORM

ORM 用于实现面向对象编程语言中不同类型系统的数据之间的转换。从效果上说，它其实是创建了一个可在编程语言里使用的"虚拟对象数据库"。

ORM 解决的主要问题是对象和关系的映射。它通常把一个类和一个表一一对应，类的一个实例对应表中的一条记录，类的一个属性对应表中的一个字段。ORM 提供了对数据库的映射，不用直接编写 SQL 代码，只须像操作对象一样从数据库操作数据，这让软件开发人员能更专注于业务逻辑的处理，从而大大提高了开发效率。

Django ORM 框架的作用，如图 2.1 所示。

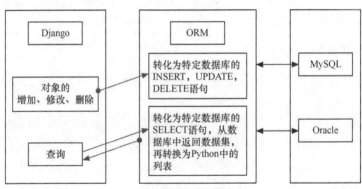

图2.1 理解ORM的作用

通过图 2.1 可以理解 ORM 的主要作用，其主要包含以下 3 点。
- 建立模型类和表之间的对应关系，允许通过面向对象的方式来操作数据库。
- 根据设计的模型类生成数据库中的表。
- 通过方便地配置就可以进行数据库的切换。

2.2.2 构建模型

构建模型并通过模型可实现对目标数据库的读写操作，其完整流程介绍如下。
- 在 models.py 中定义模型类，继承自 models.Model。
- 把应用加入 settings.py 文件的 INSTALLED_APPS 配置项中。
- 生成迁移文件。

- 执行迁移生成表。
- 通过 ORM 进行 crud 操作。

解释

crud 是指在做计算处理时的增加（Create）、读取（Read）、更新（Update）和删除（Delete）几个单词的首字母简写。crud 主要被用于描述软件系统中数据库或者持久层的基本操作功能。

通过上述的流程描述，读者对构建模型及其使用方法有了整体的了解，接下来就可以开始构建自己的模型了。在 Django 中，每个模型都是一个 Python 类，它是 django.db.models.Model 的子类，模型的每个属性都代表一个数据库字段，具体关系如图 2.2 所示。

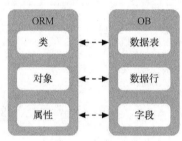

图2.2 映射关系

在创建好的 Django 项目中，创建 book 应用，在 models.py 下创建图书分类与图书信息。代码如示例 2-1 所示。

示例 2-1

```
class BookClass(models.Model):
    name=models.CharField(max_length=20, verbose_name=u"分类名称")
    def __str__(self):
        return self.name
class BookInfo(models.Model):
    bookclass=models.ForeignKey(BookClass,on_delete=models.CASCADE, verbose_name=u"图书分类", null=True, blank=True)
    name=models.CharField(max_length=50, verbose_name=u"图书名称")
    price=models.IntegerField(verbose_name=u"价格",default=20)
    autor=models.CharField(max_length=20, verbose_name=u"作者")
    def __str__(self):
        return self.name
```

上述代码分别定义了模型 BookClass 和 BookInfo，关于二者的说明如下。

- BookClass 为图书分类，BookInfo 为图书信息，其中图书分类与图书信息为一对多的关系。BookClass 表中会自动生成自增长主键列，并以此作为其他关联表的关联主键。
- 在 models.py 中定义模型类，模型以类的形式进行定义，并且继承自 models.Model 类。一个类代表目标数据库中的一张表，类的命名一般采用驼峰式命名的方式。

➢ 模型类中的字段以类的属性的方式进行定义，字段类型通过 models 下 Django 提供的数据类型进行选择。更多字段数据类型和说明如表 2-1 所示。

➢ Django 会为表增加自动增长的主键列，每个模型只能有一个主键列，如果使用选项设置某属性为主键列后，则 Django 不会再生成默认的主键列。

表 2-1　字段数据类型及说明

字段数据类型	说明
models.AutoField	自动增长的 IntegerField，如果不指定，将自动添加一个主键字段到模型中
models.BooleanField	布尔类型 true/false
models.CharField	字符串
models.TextField	长文本字段
models.IntegerField	整数类型
models.FloatField	浮点数类型
models.BigIntegerField	长整数类型
models.FileField	上传文件字段
models.ImageField	上传有效的图像字段
models.DateField	日期（date）类型
models.DateTimeField	日期（datetime）类型

表 2-1 列出了在开发过程中经常用到的字段数据类型，如须了解更多字段的数据类型，可以访问 Django 对应文档进行查看。除了字段的数据类型外，通过示例 2-1 的代码发现，还可以为每个字段设置相应的参数。通过字段参数，可以实现对字段的约束，用以保证数据的正确性，关键字参数的指定使表中的字段更加完善。字段参数说明，如表 2-2 所示。

表 2-2　字段参数及说明

参数	说明
null	如果为 true，Django 将空值以 NULL 存储到数据库中，默认值是 false
blank	如果为 true，则该字段允许为空白，默认值是 false
db_column	设置数据库中的字段名称，如果未指定，则使用属性的名称
db_index	如果值为 true，则在表中会为该字段创建索引
default	默认值
primary_key	如果为 true，则该字段会成为模型的主键字段
unique	如果为 true，则该字段在表中必须有唯一值，默认为 false

 注意

在命名时要选择有意义的名称，模型类中字段命名约束如下。

（1）不能是 Python 的保留关键字，如 pass = models.IntegerField() #中 "pass" 是保留关键字。

（2）名称不能包含多个连续的下划线，否则会影响 Django 的查询语句的语法。如 foo__bar = models.IntegerField()。

通过上面的操作完成模型类的定义之后，需要在目标数据库中创建相应的表，这里使用 Django 提供的指令完成创建。通过 Windows+R 组合键启动程序，并在弹出框中输入 CMD 进入命令行，切换到项目的目录下，输入以下指令。

```
E:\mydjango>python manage.py makemigrations
Migrations for 'book':
  book\migrations\0001_initial.py
    - Create model BookClass
    - Create model BookInfo
E:\mydjango>
```

执行完成该指令后，此时数据库中的表还没有创建完成，但是在 VSCode 下查看 book 应用下的 migrations 目录会看到新增 0001_initial.py 文件，变化后的目录结构如图 2.3 所示。

0001_initial.py 文件即为 Django 指令根据模型生成的迁移文件，Django 会将模型的改动都存储到该迁移文件中，即该文件记录了所有对模型做的修改。通过 Django 指令还可以查看刚刚执行的迁移指令。如图 2.4 所示。

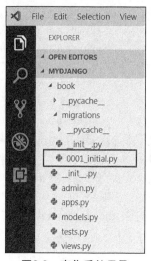

图2.3　变化后的目录

通过查看上面指令的执行结果，可以发现根据模型类生成的就是 SQL 语句，具体介绍如下。

➢ 表名是自动生成的，由 App 的名字（book）和模型类名字的小写字母组合而成。

➢ 主键（id）是自动添加的（也可以重写这个行为）。

➢ Django 会在外键的字段名后面添加"_id"（也可以重写这个行为）。

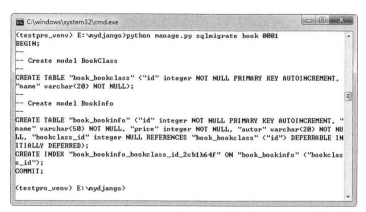

图2.4　生成的SQL语句

sqlmigrate 命令并不会在数据库上真正运行迁移文件，它只是把 Django 认为需要的 SQL 语句打印在屏幕上让开发者能够看到。接下来的操作很关键，因为经过上面步骤其实还没有真正创建数据库。执行 python manage.py migrate 的过程是系统通过检测刚刚在 migrations 下生成的文件，了解开发者对数据要做哪些操作，然后将其翻译后执行。

```
E:\mydjango>python manage.py migrate
Operations to perform:
    Apply all migrations: admin, auth, book, contenttypes, sessions, users
Running migrations:
    Applying contenttypes.0001_initial… OK
    Applying auth.0001_initial… OK
    Applying admin.0001_initial… OK
    Applying admin.0002_logentry_remove_auto_add… OK
    Applying contenttypes.0002_remove_content_type_name… OK
    Applying auth.0002_alter_permission_name_max_length… OK
    Applying auth.0003_alter_user_email_max_length… OK
    Applying auth.0004_alter_user_username_opts… OK
    Applying auth.0005_alter_user_last_login_null… OK
    Applying auth.0006_require_contenttypes_0002… OK
    Applying auth.0007_alter_validators_add_error_messages… OK
    Applying auth.0008_alter_user_username_max_length… OK
    Applying book.0001_initial… OK
    Applying sessions.0001_initial… OK
    Applying users.0001_initial… OK
    Applying users.0002_auto_20190709_1144… OK
```

migrate 命令会找出所有还没有被应用的迁移文件（Django 使用数据库中存在一个叫作 django_migrations 的特殊表来追踪已经被应用过的迁移文件），并且在数据库上运行它们。从本质上讲，该操作的目的就是将数据库模式和改动后的模型进行同步。

从上面的命令中可以看到，除了添加 book 应用下的模型外，还有很多其他的应用也在执行迁移。这里的 python manage.py migrate 默认是作用于全局的，其会对所有最新更改的 models 或者 migrations 下面的迁移文件进行对应的操作；如果希望其仅对部分 App 生效，则可以在命令后加上 App 名称，如 python manage.py migrate book，只会作用于 book 应用下的迁移文件；如果还需要具体到某个迁移文件，则可以使用以下命令：

python manage.py migrate appname 文件名

迁移的功能非常强大，可以让开发者在开发过程中不断修改模型，而不用删除数据库或者表然后再重新生成一个新的。该功能专注于升级数据库且不丢失数据。

小结

模型变更的 3 个步骤如下。
（1）修改模型（在 models.py 文件中）。
（2）运行 python manage.py makemigrations，为这些修改创建迁移文件。
（3）运行 python manage.py migrate，将这些改变更新到数据库中。

2.2.3 模型操作

利用迁移成功创建模型的数据表后，便可以通过 Django 中提供的 ORM 对数据库进行操作,即将数据库的查询、插入、修改、删除抽象成对象方法的调用,只需要调用方法就可以完成操作,而不需要编写 SQL 语句。本节中在 Shell 交互模式下进行操作,后续章节会讲解如何在视图函数中完成相同的操作。

以示例 2-1 中的图书应用为例,首先启动 CMD 命令行工具进入当前项目目录下,然后输入指令 python manage.py shell,进入 Shell 交互模式,如图 2.5 所示。

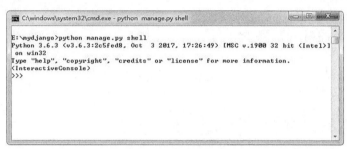

图2.5　Shell交互模式

1．查询操作

首先进行查询数据操作。查询图书分类表有多少条数据,在 Shell 模式下,引入图书分类 model,代码如下。

```
E:\mydjango>python manage.py shell
Python 3.6.3 (v3.6.3:2c5fed8, Oct  3 2017, 17:26:49) [MSC v.1900 32 bit (Intel)]
on win32
Type "help", "copyright", "credits" or "license" for more information.
(InteractiveConsole)
>>> from book.models import BookClass
```

通过调用 all()方法查询全部数据,代码如下。

```
>>> BookClass.objects.all()
<QuerySet []>
```

objects 属性,被称为管理器(manager)。管理器负责所有"表层"数据操作,包括数据查询。所有模型都自动获得一个 objects 管理器,需要查询模型实例时都要使用它。调用 all()方法,返回数据库中的所有行,这是 objects 管理器的一个方法。虽然返回的对象看似为一个列表,但其实是一个查询集合(QuerySet),它表示数据库中一系列行的对象。这里,输出的 QuerySet[]结果集为空,表示图书分类表中并没有数据。

2．插入操作

然后进行插入操作。在图书分类表中新增一条数据,代码如下。

```
>>> obj=BookClass(name='计算机类')
>>> obj.save()
>>> BookClass.objects.all()
<QuerySet [<BookClass: 计算机类>]>
```

通过调用 save()方法完成数据添加操作,再调用 all()查询方法,即可以看到图书分类表中的数据。

3. 修改操作

添加数据后,如须对数据进行修改,则应首先查找到指定数据,再对其进行重新赋值,并调用 save() 方法保存即可。代码如下。

```
>>> obj2=BookClass.objects.get(name="计算机类")
>>> obj2.name="IT 类"
>>> obj2.save()
>>> BookClass.objects.all()
<QuerySet [<BookClass: IT 类>]>
```

4. 删除操作

对数据进行删除操作和修改步骤相似,应先找到要删除的数据,再调用 delete() 方法进行删除,代码如下。

```
>>> obj3=BookClass.objects.get(name="IT 类")
>>> obj3.delete()
(1, {'book.BookInfo': 0, 'book.BookClass': 1})
>>> BookClass.objects.all()
<QuerySet []>
```

2.2.4 数据表的关系

通过前面的学习,我们已经知道一个模型类对应目标数据库中的一个表,表与表之间是存在关联的,有三种关系:一对一、一对多和多对多。下面将介绍在模型类中如何表示这三种关系。

1. 一对一

一对一关系是关系数据库中两个表之间的一种关系,该关系中第一个表中的一个行只可以与第二个表中的一个行相关,且第二个表中的一个行也只可以与第一个表中的一个行相关。下面以表 2-3 和表 2-4 的关系为例介绍一对一关系的表示方法。

表 2-3 学生信息表

ID	姓名	年龄	家庭地址
1	张三	18	北京市海淀区
2	李四	19	北京市朝阳区
3	王五	17	北京市西城区

表 2-4 学生学号信息表

ID	学生 ID	学号
1	1	20190802
2	2	20180103
3	3	20190910

通过观察表 2-3 和表 2-4 可以发现,一个学生对应一个学号,一个学号对应一个学生,通过学号能找到学生,通过学生也能得到学号,不会重复。这里学生和学号之间就是一对一关系。在模型类中,可通过代码将表 2-3 和表 2-4 的关系表示出来,如示例 2-2 所示。

示例 2-2

```
#学生信息表
class Student(models.Model):
    name=models.CharField(max_length=20)
    age=models.IntegerField()
    address=models.CharField(max_length=50)
#学生学号信息表
class StudentCard(models.Model):
    #一对一关系中，外键放在任一表都可以
    student=models.OneToOneField(Student,on_delete=models.CASCADE)
    cardno=models.CharField(max_length=30)
```

从示例 2-2 中可以看到，在模型类中使用 OneToOneField 构建数据表的一对一关系，其中在字段选项中所填写的 on_delete 表示删除关联表时所做的一些操作。具体参数说明如表 2-5 所示。

表 2-5 字段 on_delete 参数及说明

参数	说明
on_delete=models.CASCADE	删除关联数据，与之关联的数据也删除
on_delete=models.SET_NULL	删除关联数据，与之关联的值设置为 null
on_delete=models.SET_DEFAULT	删除关联数据，与之关联的值设置为默认值，所以定义外键的时候注意加上一个默认值
on_delete=models.PROTECT	保护模式，如果采用该选项，删除的时候会抛出 ProtectedError 错误
on_delete=models.SET	设置给定值

在使用时，通常采用 on_delete=models.CASCADE，表示级联删除。在该例中即表示，当删除学生信息的时候，学生的学号信息表中的数据也同时被删除，这样保障了数据的一致性。

迁移完成后，除了在 Django 中对数据进行操作外，还可以通过安装的可视化工具进行数据库操作。本节中采用的是 Django 默认的 SQLite 数据库，选择的工具是 SQLiteStudio（3.2.1）。工具的安装过程非常简单，这里不再赘述。

在 SQLiteStudio 下查看学生学号信息表和学生信息表这两个表的数据，如图 2.6 和图 2.7 所示。

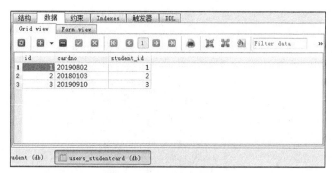

图2.6 学生学号信息表

图2.7 学生信息表

2. 一对多

一对多关系是关系数据库中两个表之间的一种关系，该关系中第一个表中的一个行可以与第二个表中的一个行或多个行相关，但第二个表中的一个行只可以与第一个表中的一个行相关。下面以表 2-6 和表 2-7 的关系为例介绍一对多关系的表示方法。

表 2-6 学生信息表

ID	姓名	年龄	所在班级
1001	张三	18	1
1002	李四	19	1
1003	王五	17	2

表 2-7 班级信息表

ID	班级名称	班主任
1	高一一班	曹颖
2	高一二班	王丽娟
3	高一三班	李达

通过观察表 2-6 与表 2-7 可以发现，张三和李四都属于高一一班，而王五属于高一二班。一个班级可以包含很多学生，而一个学生只能在一个班级，即班级和学生之间就是一对多的关系。在模型类中，可通过代码将表 2-6 与表 2-7 的关系表示出来，如示例 2-3 所示。

示例 2-3

```
#班级信息表
class ClassInfo(models.Model):
    name=models.CharField(max_length=30)        #班级名称
    teachername=models.CharField(max_length=30) #班主任
#学生信息表
class Student(models.Model):
    name=models.CharField(max_length=20)        #学生姓名
    age=models.IntegerField()                   #学生年龄
    #所属班级
    classinfo=models.ForeignKey(ClassInfo,on_delete=models.CASCADE)
```

从示例 2-3 中可以看到，在模型类中使用 ForeignKey 构建数据表的一对多关系。

3. 多对多

多对多关系是关系数据库中两个表之间的一种关系，该关系中第一个表中的一个行可以与第二个表中的一个行或多个行相关，且第二个表中的一个行也可以与第一个表中的一个或多个行相关。下面以表 2-8 和表 2-9 的关系为例介绍多对多关系的表示方法。

表 2-8 学生信息表

ID	姓名	年龄
1001	张三	18
1002	李四	19
1003	王五	17

表 2-9 课程信息表

ID	课程名称
1	计算机
2	音乐
3	体育

通过观察表 2-8 和表 2-9 可以发现，一个学生可以选修多门课程，而一个课程也可以有多个学生学习，即学生和课程之间为多对多的关系。在模型类中，可通过代码将表 2-8 和表 2-9 的关系表示出来，如示例 2-4 所示。

示例 2-4
```
#学生信息表
class Student(models.Model):
    name=models.CharField(max_length=20)       #学生姓名
    age=models.IntegerField()                  #学生年龄
#选修课程信息表
class Course(models.Model):
    name=models.CharField(max_length=20)       #课程名称
    student=models.ManyToManyField(Student)
```

模型类定义好之后，在执行迁移时会生成三张表，除了上述模型类中的两个表之外，还会新增一个多对多关系表，数据库中的全部表如图 2.8 所示。

图 2.8 数据库所有表

其中，users_course_student 表为学生和课程的关系表，两个表的数据关系如表 2-10 所示。

表 2-10 两个表的数据关系

ID	学生 ID	课程 ID
1001	1001	1
1002	1001	2
1003	1002	1

2.2.5 模型继承

通过前面的学习，读者已经掌握了模型类的定义，但是在实际开发中，并不是从头开始写模型类，有时候会从第三方库或其他已经写好的模型类中继承。关于继承的好处，这里不再赘述，本节主要介绍在 Django 中如何进行模型类的继承操作。

Django 中拥有完善的继承机制，其实最开始在定义模型类的时候就已经用到了继承，不管是直接继承，还是间接继承，Django 中所有的模型都必须继承自 django.db.models.Model 模型。Django 中的模型继承和 Python 中的类继承非常相似，只是需要选择具体的实现方式：让父模型拥有独立的数据表，或让父模型只包含基本的公共信息，而这些信息只能由子模型呈现。

Django 中的 3 种继承关系介绍如下。

> 抽象基类：被用来继承的模型，被称为 Abstract base classes，将子类共同的数据抽离出来，供子类继承重用，它不会创建实际的数据表。
> 多表继承：Multi-table inheritance，每一个模型都有自己的数据库表。
> 代理模型：如果想修改模型的 Python 层面的行为，并不想改动模型的字段，可以使用代理模型。

这里选择常用的抽象基类继承与多表继承两种继承方式分别进行说明。

1. 抽象基类

每个模型类下都有一个子类 Meta，用于定义元数据。Meta 类封装了一些数据库的信息，称之为模型的元数据。在定义模型类的 Meta 类中添加 abstract=True 元数据项，就可以将一个模型转换为抽象基类。Django 不会为其创建实际的数据库表，它们也没有管理器，不能被实例化，也无法直接保存，它们就是用来被继承的。抽象基类完全用来保存子模型们共有的内容部分，以达到重用的目的。当它们被继承时，它们的字段会全部被复制到子模型中。定义抽象基类的代码如示例 2-5 所示。

示例 2-5

```
#定义抽象基类
class CommonInfo(models.Model):
    name=models.CharField(max_length=50)
    age=models.IntegerField()
    class Meta:
```

```
    abstract=True
#定义学生类，继承 CommonInfo 类
class Student(CommonInfo):
    cardno=models.CharField(max_length=20) #学号
```

通过 Django 指令执行迁移后，数据库生成的数据表只有 users_student，但是表中的结果包含继承过来的字段，具体如图 2.9 所示。

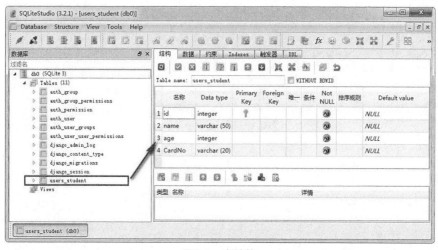

图2.9　表结构

开发过程中在 Meta 类中常用到的属性包括以下几个。

（1）db_table='xxx'：修改表名为 xxx。

（2）ordering='pub_time'：按照指定字段 pub_time 排序。

（3）abstract=True：设置为透明类（抽象基类），不生成数据库表。

（4）app_label='xxx'：定义模型类属于哪一个应用。

（5）verbose_name='xxx'：给模型类指定一个直观可读的信息 xxx。

（6）verbose_name_plural='xxx'：指定模型的复数形式是什么，若未提供该选项，Django 会使用 verbose_name + "s"。一般在实际开发中为了更加友好地显示，通常会将 verbose_name_plura 设置为与 verbose_name 相同的内容。

2．多表继承

使用多表继承父类和子类都是独立自主、功能完整、可正常使用的模型，都有自己的数据库表，继承关系在子类和它的每个父类之间都通过一个自动创建的 OneToOneField 来实现链接。代码如示例 2-6 所示。

示例 2-6

```
#定义学生类
class Student(models.Model):
    cardno=models.CharField(max_length=20)      #学号
    name= models.CharField(max_length=20)       #姓名
```

```
        height=models.IntegerField()              #身高
        weight=models.IntegerField()              #体重
#定义学生运动员类，继承 Student 类
class StudentPlayer(Student):
    sportname=models.CharField(max_length=30)    #运动项目
    score=models.IntegerField()                   #参赛得分
```

Django 指令执行迁移后，数据库如图 2.10 所示。

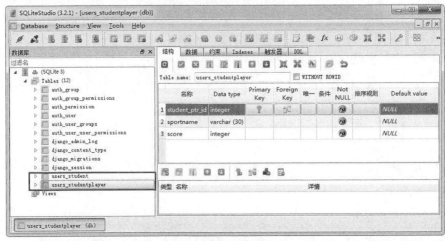

图2.10　多表继承数据表

➔ 本章作业

编码题

创建个人博客系统，其中包含博客 blog 应用，在 blog 应用下的模型类包含文章类、文章标签类、文章分类、评论类。

（1）根据实际业务需求设计模型类中的字段及数据表关系。

（2）在 Shell 模式下测试简单数据的插入、删除、修改、查询操作。

作业答案

第 3 章

探究视图

本章任务

任务 3.1　了解视图的构建
任务 3.2　管理器 Manager 的使用
任务 3.3　通用视图的使用
任务 3.4　错误视图的使用

技能目标

❖ 理解 Django 视图的执行过程；
❖ 掌握视图的定义方法；
❖ 掌握管理器 Manager 的使用方法；
❖ 掌握通用视图和错误视图的使用方法。

本章知识梳理

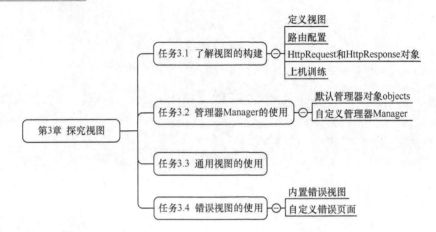

本章简介

在前面的章节中，已经介绍了基础项目的搭建与模型的构建，本章将介绍 Django 视图的使用。Django MTV 架构模式中，"V"即视图，主要负责处理用户请求和生成相应的响应内容，最后呈现到页面中。通过本章的学习，读者可以掌握 Django 视图的定义，以及管理器、通用视图、错误视图的使用。

预习作业

1. 预习并回答以下问题

请阅读本章内容，并在作业本上完成以下简答题。
（1）请列出 HttpRequest 对象的常用属性。
（2）简述错误视图中自定义错误页面的步骤。

2. 预习并完成以下编码题

编写并完成本章的所有示例代码。

任务 3.1 了解视图的构建

在网站开发中，视图作为表现层，其作用至关重要。本节将介绍视图的定义及其在 Django 中的使用。

3.1.1 定义视图

一个视图函数（或类），简称视图，是由简单的 Python 函数（或类）编写的，一般被放在 views.py 文件中。它接收 Web 请求并且返回 Web 响应。无论视图本身包含何种逻辑，都应返回响应。响应内容可以是网页的 HTML、一个重定向、一个 404 错误、一个 XML 文档或一张图片等。

在已创建好的 Django 项目中找到新创建的 users 应用，修改其 views.py 文件，添加视图函数 index，代码如示例 3-1 所示。

示例 3-1

```
from django.http import HttpResponse
# 创建视图
def index(request):
    return HttpResponse("hello")
```

在示例 3-1 中，我们定义了一个视图函数 index，该函数包含一个参数为 request。在 Django 中每个视图函数都将一个 HttpRequest 对象作为第一个参数，通常将其命名为 request。每个视图函数都要返回 HttpResponse 对象，其中包含生成的响应，在示例 3-1 中返回了一个"hello"。

目前示例 3-1 中所编写的方式为基于函数的视图（Function Base Views，FBV），除此之外还有基于类的视图（Class Base Views，CBV）。可以将示例 3-1 的代码变更为 CBV 的方式，如下所示。

```
from django.views import View
from django.http import HttpResponse
# 创建视图
class index(View):
    def get(self,request):
        return HttpResponse("hello")
```

在实际项目开发中，通常更多采用的编写方式为 CBV，为了便于初学阶段对视图的理解和使用，这里采用 FBV。

FBV 定义完成之后，还需要进行路由配置，才能够得到用户访问的请求，并将其匹配到对应视图函数中。Django 中，项目的主路由在项目目录中的 urls.py 文件中（与 settings.py 文件同级），如须将示例 3-1 中的视图函数匹配过来，还需要新增一条路由规则进行指定，代码如下。

```
from django.contrib import admin
from django.urls import path
from users.views import index
urlpatterns=[
    path('admin/', admin.site.urls),
    path('index/', index)
]
```

路由配置完成后，在 CMD 命令行工具中，使用 python manage.py runserver 指令启动项目，在浏览器中访问 http://localhost:8000/，运行结果如图 3.1 所示。

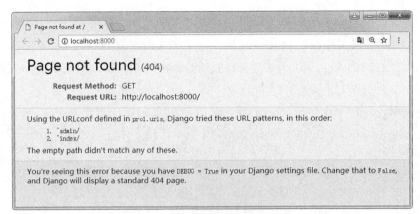

图3.1　运行结果

图 3.1 中并没有出现示例 3-1 中所响应的"hello",通过提示的信息可发现问题所在。如图 3.1 所示,提示"Page not found",即页面没有找到,同时给出了当前项目所配置的两条路由信息,在访问地址的后面加上指定好的路由规则,重新访问 http://localhost:8000/index/即可正常显示,如图 3.2 所示。

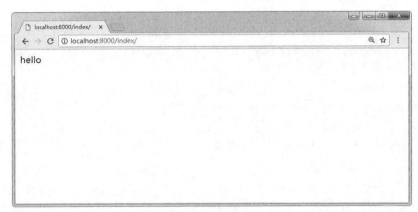

图3.2　正常显示

现在浏览器中已经正常显示了示例 3-1 中响应返回的"hello",这说明目前一个视图已经定义好且访问成功了。

小结

Django 定义视图步骤如下。
(1) 在应用的 views.py 中定义基于函数的视图 (FBV) 或基于类的视图 (CBV)。
(2) 配置路由规则。

3.1.2　路由配置

URL 是 Web 服务的入口,用户通过浏览器发送的任何请求都被发送到一个指定的 URL 地址,然后被响应。Django 中路由系统的作用就是使视图中处理数据的函数与请求的 URL 建立映射关系。收到请求时，根据 urls.py 中的关系条目，查找到与请求对应的处理方法。

  Django 项目路由配置存放在项目文件夹下的 urls.py 文件中。一般在实际开发中还会在每个应用下都单独创建一个 urls.py 文件（同样也是 Django 提倡的一种路由配置方式），用于存储与当前应用相关的路由配置。以项目文件夹下的 urls.py 文件作为主路由文件，将每个应用下的路由文件引用过来，这样既集中又分治，是一种解耦的模式。

  Django 的 URL 路由配置在 settings.py 文件中，ROOT_URLCONF 变量用于制定全局路由文件名称，默认主路由为项目同名文件夹下的 urls.py。

```
ROOT_URLCONF='mypro.urls'
```

  Django 的路由写在 urls.py 文件的 urlpatterns 列表中，由 path()或 re_path()作为元素组成，其中，path()用于处理字符串路由，re_path()用于处理正则表达式路由。

  path()的使用语法如下。

```
path(route, view, kwargs=None, name=None)
```

  在创建完成的项目中添加一条用户应用的路由配置，代码如下。

```
from django.contrib import admin
from django.urls import path
from users.views import index
urlpatterns=[
    path('admin/', admin.site.urls),
    path('index/', index)
]
```

  通过上述代码可以看到，Django 的路由都写在 urlpatterns 列表中，其中每条 path 代表了一条 URL 信息。项目创建完成后，默认会有一条 path('admin/', admin.site.urls) 的配置，表示设置 admin 后台系统的 URL。"admin/"即表示 http://127.0.0.1/admin 地址信息，admin 后面的斜杠是路径分隔符。"index/"即为用户应用添加的路由配置，当用户访问 http://127.0.0.1/index 地址时，会进入 users 应用下的 index 视图函数中执行相应代码。

  使用 path()路由配置的方式，是一个精确 URL 匹配一个操作函数。这是路由配置中最为简单的一种形式，适合对静态 URL 的响应，URL 字符串不以"/"开头，但要以"/"结尾。但是在实际开发中，仍然需要通过路由进行动态的传递或匹配。下面介绍如何通过正则表达式的方式进行路由匹配。

  re_path()使用语法如下。

```
re_path（route, view, kwargs=None, name=None）
```

  如须使用 re_path，则需要在 import 中进行导入，下面介绍一段 re_path 的配置。

  例如，访问 http://127.0.0.1:8000/ 即映射到对应的视图函数中，代码如下。

```
from django.urls import path,re_path
from users.views import index
urlpatterns=[
```

```
        re_path('^$', index),
]
```

进行 URL 传递参数的代码如下。

```
from django.urls import path,re_path
from users.views import index
urlpatterns=[
        re_path('user/(\d+)', index),
]
```

其中在 django.urls 下将 path 和 re_path 进行导入。这里的匹配规则是在 user/后加数字才能匹配成功,即当用户访问 http://127.0.0.1:8000/user/11 时便能匹配成功,从而映射到 users 应用下的 index 函数,同时 index 函数也需要定义参数来接收传递过来的 ID。关于更多正则表达式的内容本节不再赘述,读者可以自行访问正则表达式网站进行查看。

> **经验**
>
> Django 的 URL 路由流程如下。
> (1) Django 查找全局 urlpatterns 变量。
> (2) 按照先后顺序,对 URL 逐一匹配 urlpatterns 每个元素。
> (3) 找到第一个匹配时,停止查找,根据匹配结果执行对应的处理函数。
> (4) 如果没有找到匹配或出现异常,Django 就会进行错误处理。

3.1.3　HttpRequest 与 HttpResponse 对象

服务器接收到超文本传输协议（Hyper Text Transport Protocol,HTTP）的请求后,会根据报文创建 HttpRequest 对象。HttpRequest 对象是视图函数的第一个参数,由 Django 自动创建。HttpResponse 对象需要手动创建。在 django.http 模块中定义了 HttpRequest 对象与 HttpResponse 对象的 API。

1. HttpRequest 对象

视图用来接收和处理用户的请求信息,在视图函数中第一个参数是 HttpRequest,通常被命名为 request,request 对象中包含请求过来的元数据。如表 3-1 所示是 request 对象在开发中的常用属性。

表 3-1　request 对象常用属性

属性	说明
path	表示所请求页面的完整路径的字符串
method	表示请求中使用的 HTTP 方法的字符串
encoding	表示用于表单提交数据的当前编码的字符串
GET	获取 GET 请求的请求参数,以字典形式存储
POST	获取 POST 请求的请求参数,以字典形式存储

续表

属性	说明
FILES	包含所有上传文件，以字典形式存储
COOKIES	包含所有的 Cookie，键和值都为字符串
META	获取客户端的请求头信息，以字典形式存储

2．HttpResponse 对象

视图在接收请求并对其进行处理后，必须返回 HttpResponse 对象或子对象。HttpRequest 对象由 Django 创建，HttpResponse 对象由开发人员创建。返回响应的函数包含：HttpResponse() 返回简单的字符串对象、render()渲染模板、redirect()重定向、JsonResponse()返回 JSON 数据。在本章第 1 小节、第 2 小节中，更多的是采用 HttpResponse()的形式返回一些简单的字符串信息。下面介绍其他几种响应方式的使用。

➢ HttpResponse()直接返回简单的字符串信息。

```
from django.http import HttpResponse
def index(request):
    return HttpResponse('你好')
```

➢ render()渲染模板，在开发中是最为常用的一种方式。

```
from django.shortcuts import render
def index(request):
    return render(request, "index.html", {"name": "amy"})
```

➢ redirect()重定向。

```
from django.shortcuts import redirect
def index(request):
    return redirect("https://www.baidu.com")
```

➢ JsonResponse()返回 JSON 数据。

```
from django.http import JsonResponse
def index(request):
    return JsonResponse({"name":"zhangsan","age":18})
```

3．登录案例

介绍完 HttpReqeust 与 HttpResponse 对象常用的属性和方法之后，下面以用户登录为例，介绍如何通过 request 对象的 GET/POST 属性获取传递过来的参数，通过 render 进行渲染。代码如示例 3-2 所示。

示例 3-2

首先创建 templates/login.html 登录页面，login.html 代码如下。

```
<!DOCTYPE html>
<html>
<head>
    <meta charset="UTF-8">
    <meta name="viewport" content="width=device-width, initial-scale=1.0">
    <meta http-equiv="X-UA-Compatible" content="ie=edge">
```

```html
        <title>用户登录</title>
    </head>
    <body>
        <form action="/login/" method="post">
            用户名：<input name="name" />
            <br/> 密码： <input name="pwd" />
            <br/>
            <input type="submit" value="登录" />
        </form>
    </body>
</html>
```

在 settings.py 下配置模板路径，代码如下。

```python
TEMPLATES=[
    {
        'BACKEND': 'django.template.backends.django.DjangoTemplates',
        'DIRS': [os.path.join(BASE_DIR, 'templates')],
        'APP_DIRS': True,
        'OPTIONS': {
            'context_processors': [
                'django.template.context_processors.debug',
                'django.template.context_processors.request',
                'django.contrib.auth.context_processors.auth',
                'django.contrib.messages.context_processors.messages',
            ],
        },
    },
]
```

登录页面中包含用户名和密码，默认采用 GET 方式提交，若须采用 POST 方式提交，则只须将 method 设置为 POST 即可。接下来在 users 应用下创建视图函数 index 和 login。其中，index 函数即返回静态页面显示，login 函数负责接收登录提交后的内容。首先通过 request.method 判断请求方式，再通过 GET/POST 属性对传递过来的参数进行获取。users/views.py 代码如下。

```python
from django.shortcuts import render
from django.http import HttpResponse
def index(request):
    return render(request, "login.html")
def login(request):
    if request.method=="GET":
        a=request.GET.get('name')
        b=request.GET['pwd']
        context={'name':a,'pwd':b}
        print(str(context))
    return HttpResponse("拒绝访问")
```

```
        else:
            a=request.POST.get('name')
            b=request.POST['pwd']
            context={'name':a,'pwd':b}
            print(str(context))
            return render(request,'login.html')
```

最后，在 urls.py 中将路由规则与视图函数进行映射，urls.py 文件代码如下。

```
from django.urls import path,re_path
from users import views
urlpatterns=[
    path('index/', views.index),
    path('login/', views.login)
]
```

各项工作准备完成之后，即可使用 python manage.py runserver 命令启动项目，在浏览器中访问 http://127.0.0.1/index 即可显示登录界面，如图 3.3 所示。

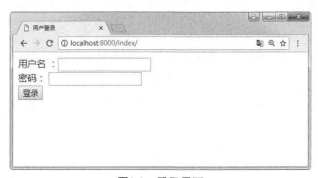

图3.3　登录界面

输入用户名和密码后单击登录按钮，在启动项目的命令行工具中，可以查看打印出来的内容，如图 3.4 所示。

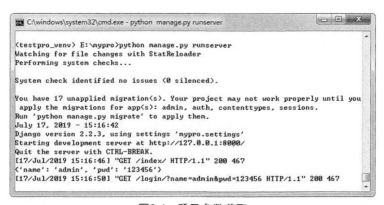

图3.4　登录参数获取

从图 3.4 可以看到参数已经获取到了，后续的操作便可以通过这些参数信息进行数据库的查询，或者其他业务逻辑的操作。

> **经验**
>
> GET 与 POST 两种请求方法的区别如下。
>
> （1）请求缓存：GET 会被缓存，而 POST 不会。
>
> （2）收藏书签：GET 可以，而 POST 不能。
>
> （3）保留浏览器历史记录：GET 可以，而 POST 不能。
>
> （4）作用：GET 常用于取回数据，POST 用于提交数据。
>
> （5）安全性：POST 比 GET 安全。
>
> （6）请求参数：QueryString 是 URL 的一部分。GET 的 QueryString 仅支持 UrlEncode 编码，POST 的该参数是放在 body（支持多种编码）中的。
>
> （7）请求参数长度限制：GET 请求长度最多为 1024KB，POST 对请求数据没有限制。

3.1.4 上机训练

上机练习：制作加法计算器

需求说明：制作实现如图 3.5 所示的效果，需求如下。

- 创建 index.html 作为计算的主页面，当用户访问 index/时则显示 index.html 内容，利用 index.html 上的表单字段，action 提交到 Add，根据需求说明配置路由。
- 通过 request 对象获取传递参数并进行计算，将计算结果返回到页面中显示。

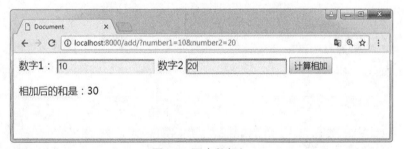

图3.5 两个数相加

任务 3.2 管理器 Manager 的使用

管理器是 Django 内置的 Model.Manager 类，也是 Django 提供的查询数据库操作的接口，Django 的 App 的每个 Model 都至少包含一个管理器，也可以创建自定义 Manager 以定制数据库访问。自定义管理器后，Django 不再生成默认管理器 objects。下面将介绍 Django 框架中 Manager 方法的使用。

3.2.1 默认管理器对象 objects

Django 使用一种直观的方式把数据库表中的数据表示成 Python 对象，即一个模型类代表数据库中的一个表，一个模型类的实例代表数据库表中的一条特定的记录。前面在 Shell 模式下进行模型的插入、删除、查询、修改操作，下面将在视图下进行调用管理器对象的操作，并针对常用的模型查询方法进行扩展。代码如示例 3-3 所示。

示例 3-3

首先完成项目的初始化，创建 book 应用，在 book/models.py 下创建图书模式，models.py 代码如下。

```python
from django.db import models
class BookInfo(models.Model):
    name=models.CharField(max_length=50, verbose_name=u"图书名称")
    price=models.IntegerField(verbose_name=u"价格",default=20)
    autor=models.CharField(max_length=20, verbose_name=u"作者")
    def __str__(self):
        return self.name
```

使用 python manage.py makemigrations book 和 python manage.py migrate 命令完成数据迁移，生成数据表。然后在 views.py 中开始对模型进行插入、删除、修改、查询操作，代码如下。

```python
from django.shortcuts import render
from django.http import HttpResponse
from .models import BookInfo
#插入图书信息
def addbooks(request):
    obj=BookInfo(name="Python 轻松学",autor="张三",price=59)
    result=obj.save(obj)
    return HttpResponse("添加成功")
#删除图书信息
def delbooks(request):
    books=BookInfo.objects.filter(name="Python 轻松学 1").first()
    if not books:
        return HttpResponse("未找到数据")
    else:
        books.delete()
        return HttpResponse("删除成功")
#修改图书信息
def updatebooks(request):
    books=BookInfo.objects.filter(name="Python 轻松学").first()
    if not books:
        return HttpResponse("未找到数据")
    else:
        books.name="Python 轻松学 1"
```

```
            books.save()
            return HttpResponse("更新成功")
#查询图书信息
def getbooks(request):
    books=BookInfo.objects.all() #获得所有的图书信息
    return HttpResponse(books)
```

在 urls.py 中将定义好的视图函数与路由规则进行映射，urls.py 代码如下。

```
from django.urls import path
from book.views   import *
urlpatterns=[
    path('add/', addbooks),
    path('del/', delbooks),
    path('update/', updatebooks),
    path('all/', getbooks)
]
```

在命令行中输入 python manage.py runserver 命令启动项目，在浏览器中访问指定的路由地址即可完成图书信息的插入、删除、修改、查询操作。为了便于演示，可以在执行完某项操作后，调用查询的方法查看最新的数据。示例 3-3 中通过 all()方法得到查询集，查询集表示从数据库获取的对象的集合，得到查询集后可以直接进行迭代显示，也可以继续调用其他过滤器或查询方法返回新的查询集，类似链式操作的写法。

示例 3-3 中的数据是直接在视图函数中写好的，后续可以扩展添加 HTML 页面，将所需要的数据传递过来，完成动态的插入、删除、修改、查询操作，这里主要掌握模型的操作方法。示例 3-3 中用到了两种查询方法，更多常用的查询方法如表 3-2 所示。

表 3-2　查询方法

查询方法	说明
all()	返回查询集中的所有数据
filter()	保留符合条件的数据
exclude()	过滤掉符合条件的数据
get()	返回一个满足条件的对象
first()	返回查询集中第一个对象
last()	返回查询集中最后一个对象

 经验

如果不想使用 objects 这个管理器对象的名字，可以重命名默认管理器对象的名字，在定义模型类时添加如下代码即可。

```
class BookInfo(models.Model):
    #…省略部分代码
    newname=models.Manager()
```

3.2.2 自定义管理器 Manager

管理器是 Django 的模型进行数据库查询操作的接口，Django 应用的每个模型都拥有至少一个管理器，如果遇到下面两种情况，可以使用自定义管理器。
- ➢ 修改管理器返回的原始数据集。
- ➢ 管理器类中添加额外的方法。

需要注意的是，当自定义管理器后，Django 将不再自动生成 objects。使用自定义管理器的第一种情况是修改管理器返回的原始数据集。以示例 3-3 中的图书模型为例，当调用 BookInfo.objects.all()方法时，返回的是所有图书信息。如果希望当调用 all()方法时返回的是所有已上架的图书信息，则可以通过自定义管理器进行修改。修改 book/models.py 的代码如下。

```python
from django.db import models
class BookInfoManager(models.Manager):
    """图书模型管理器类"""
    # 改变查询的结果集
    def all(self):
        #1.调用父类的 all，获取所有数据
        books=super().all()
        # 2.返回的 books 是 QuerySet 集合，还可以继续使用所有查询
        books=books.filter(status=True)
        #返回 books
        return books
class BookInfo(models.Model):
    name=models.CharField(max_length=50, verbose_name=u"图书名称")
    price=models.IntegerField(verbose_name=u"价格",default=20)
    autor=models.CharField(max_length=20, verbose_name=u"作者")
    status=models.BooleanField(default=True)
    objects=BookInfoManager() #自定义一个 BookInfoManager 管理器类对象
    def __str__(self):
        return self.name
```

在 models.py 中为原有的 BookInfo 类新增一个上架的状态 status，同时定义一个自定义管理器 BookInfoManager，并在 BookInfo 类下进行赋值，一切工作完成后，重新启动项目，再来访问查询方法，得到的数据便只有 status 为 True 的数据。

使用自定义管理器的第二种情况是向里面新增额外的方法。首先将这些操作数据表的方法封装起来，放到模型管理器类中。在图书模型管理器下添加 create_bookinfo 方法，其完成过程和原来 create 方法的操作相同。修改后 models.py 代码如下。

```python
class BookInfoManager(models.Manager):
    def create_bookinfo(self,name):
        m=self.model()
        m.name=name
```

```
                m.save()
                return m
```

在 views.py 中，将添加操作对应的视图函数中的方法替换为新增的 create_bookinfo，修改代码如下。

```
#添加图书信息
def addbooks(request):
        BookInfo.objects.create_bookinfo("django 基础书籍 ")
        return HttpResponse("添加成功")
```

启动项目运行，同样完成了添加操作。相信读者现在已经掌握了自定义管理器的使用，在实际开发中，读者可以根据实际的业务需求进行定制开发。

自定义管理器

任务 3.3 通用视图的使用

Django 中提供的通用视图，可以减少开发的单调性，它抽象出一些在视图开发中常用的代码和模式，做到了无须大量代码即可快速编写出常用的视图函数。通用视图是通过定义和声明类的形式实现的，更多通用视图如表 3-3 所示。

表 3-3　更多通用视图

名称	说明
View	基本 View，可以在任何时候使用
RedirectView	重新定向到其他 URL
TemplateView	显示 Django HTML template
ListView	显示对象列表
DetailView	显示对象详情
FormView	提交 From
CreateView	创建对象
UpdateView	更新对象
DeleteView	删除对象

选择表 3-3 中较为常用的 ListView 与 DetailView 视图可以完成一个图书列表与一个图书详细信息展示的页面，代码如示例 3-4 所示。

示例 3-4

在示例 3-3 的基础上，创建 templates 文件夹，其中包含 list.html 与 detail.html 文件，作为自定义的模板文件，修改 book/views.py 代码如下。

```
from django.shortcuts import render
from django.views.generic.list import ListView
from django.views.generic.detail import DetailView
from book.models import BookInfo
class BookListView(ListView):
    model=BookInfo
    template_name="list.html"
    context_object_name='my_book'    #手动设置上下文变量的名称
class BookDetailView(DetailView):
    model=BookInfo
    template_name="detail.html"
```

这里使用类视图的方式进行定义，并继承自 ListView 通用视图，代码中 template_name 属性指定需要渲染的模板，context_object_name 指定模板中使用的上下文变量，model 指定数据的来源。它表示的功能为取出 model 中 BookInfo 的所有数据，相当于 my_book=BookInfo.objects.all()。使用变量 my_book 传递给了 templates/list.html 模板。ListView 中默认使用 object_list 作为上下文变量，可以使用 context_object_name 来自定义上下文变量，这里的名称即在模板中访问的名称。

类视图定义完成后，还需要指定 urls.py，所有基于类的通用视图中定义的方法需要在类视图调用 as_view()方法后被自动调用，因为 Django 的 URL 解析器将请求和关联的参数发送给一个可调用的函数而不是一个类，所以基于类的视图有一个 as_view()类方法用来作为类的可调用入口。路由规则上必须以一个对象主键或者一个 slug 来调用，修改后的 urls.py 代码如下。

```
from django.urls import path,re_path
from book.views    import *
urlpatterns=[
    path('list/',BookListView.as_view()),
    re_path('list/(?P<pk>\d+)/$',BookDetailView.as_view())
]
```

这时在 templates/list.html 中，通过{{my_book}}将 my_book 打印出来，其中{{}}为 Mustache 语法，不仅可以在 Python 中使用，在其他编程语言中也同样可以使用。在这里利用{{}}的形式对变量进行输出，my_book 为传递过来的模板变量，在上下文中通过 my_book 进行数据的展示。在 templates/detail.html 中，通过{{object}}将对象信息打印出来，即可看到数据库中所有的图书信息，如图 3.6 所示。如须访问详细页面，则在地址栏输入 http://127.0.0.1:8000/list/2 即可，效果如图 3.7 所示。

这时只是在页面将内容做了输出，并没有进行另外的操作，在后面的模板章节还会介绍如何对页面进行更加友好的显示。

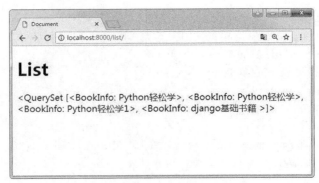

图3.6 ListView

图3.7 DetailView

任务 3.4 错误视图的使用

在网站开发中,经常需要捕获一些错误,并将这些错误以比较优美的界面返回,或者是将这些错误的请求做成一些日志进行保存。下面将介绍 Django 错误视图的使用。

3.4.1 内置错误视图

错误视图,顾名思义即在发生错误的时候调用的视图。在学习错误视图的使用之前,可以先观察不配置错误视图会出现的效果。使用 python manage.py runserver 命令启动项目,在浏览器中访问不存在的 URL 地址,效果如图 3.8 所示。

图 3.8 中错误信息以及提示的路由规则都被显示出来,这无疑对用户体验和网站的安全都是非常不友好的。这时就需要用到错误视图,通过错误视图来展示信息能有效解决上述用户体验差和网站安全性低的问题。Django 原生自带几个默认视图用于处理 HTTP 错误,其主要错误及视图介绍如下。

➢ 视图 404(page not found):服务器没有指定的 URL。
➢ 视图 500(server error):服务器内部错误。
➢ 视图 400(bad request):请求的参数错误。
➢ 视图 403(http forbidden):没有权限访问相关的数据。

图3.8 运行出错界面

如须使用错误视图,则首先应在项目的配置文件(settings.py)下关闭调试模式,代码如下。

```
DEBUG=False #关闭调试模式
ALLOWED_HOSTS=['*'] #允许访问的域名列表,*表示任意域名都可以访问
```

配置完成后,再访问同样的地址,效果如图 3.9 所示。

图3.9 关闭调试模式后

关闭调试模式之后,默认会显示一个标准的错误页面,图 3.9 中的界面只显示了错误提示,并没有暴露路由配置规则等信息。一般在开发过程中会开启调试模式,以便于查找和定位问题,而当项目需要上线时,则会关闭调试模式,并配置访问网址信息。

3.4.2 自定义错误页面

Django 有内置的 HTML 模版,用于返回错误页面给用户,但是这些错误页面并不美观,因此通常需要自定义错误页面。这里以自定义 404 错误为例,代码如示例 3-5 所示。

示例 3-5

首先创建 templates 目录,并创建 404.html 文件,代码如下。

```html
<!DOCTYPE html>
<html>
<head>
    <meta charset="UTF-8">
    <meta name="viewport" content="width=device-width, initial-scale=1.0">
    <meta http-equiv="X-UA-Compatible" content="ie=edge">
    <title>Document</title>
</head>
<body>
    <h1>自定义 404 页面</h1>
    <p>{{content}}</p>
</body>
</html>
```

在 settings.py 中配置模板路径，代码如下。

```python
TEMPLATES=[
    {
        'BACKEND': 'django.template.backends.django.DjangoTemplates',
        'DIRS': [os.path.join(BASE_DIR, 'templates')],
        'APP_DIRS': True,
        'OPTIONS': {
            'context_processors': [
                'django.template.context_processors.debug',
                'django.template.context_processors.request',
                'django.contrib.auth.context_processors.auth',
                'django.contrib.messages.context_processors.messages',
            ],
        },
    },
]
```

在应用的 views.py 文件下，添加 404 错误的处理函数，代码如下。

```python
from django.shortcuts import render
def page_not_found(request,exception):
    return render(request,'404.html',{"content":"this is 404 error"})
```

最后在路由中进行配置，将 404 错误视图指向的函数修改为新增的视图函数，代码如下。

```python
from django.contrib import admin
from django.urls import path
from users import views
urlpatterns=[
    path('admin/', admin.site.urls),
]
handler404=views.page_not_found
```

配置完成后，使用 python manage.py runserver 命令启动项目，在浏览器中访问一个不存在的地址，这时显示的就是自定义的 404 错误页面，效果如图 3.10 所示。

图3.10 自定义404页面

本章作业

编码题

创建个人博客系统，其中包含博客 blog 应用，在 blog 应用下的模型类包含文章类、文章标签类、文章分类、评论类。需求如下。

（1）在 blog 应用下创建视图函数以分别用于获取博客文章列表和博客文章详情。

（2）配置 urls.py 路由，当访问 blog/时则显示文章列表，当访问 detail/1 时则根据传入的 ID 返回对应的文章详情。

（3）配置 settings.py 下的模板路径，创建 bloglist.html、blogdetail.html。

（4）利用 objects 管理器动态查询博客文章、文章详情、文章评论数据，并将内容打印到控制台中。

（5）创建管理员账号，在 admin 后台完成数据的添加操作。

作业答案

第 4 章

深入模板

本章任务

任务 4.1 初识模板
任务 4.2 模板的使用

技能目标

❖ 理解模板的作用；
❖ 掌握模板的定义；
❖ 掌握模板标签与过滤器的使用。

本章知识梳理

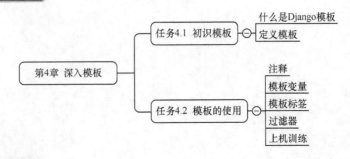

本章简介

Django 作为 Web 框架，需要一种很便利的方法以动态地生成 HTML 网页，由此产生了模板这一概念。模板中包含所需的 HTML 部分代码以及一些特殊的语法，使用这些特殊的语法可以将数据动态地插入 HTML 网页中。本章将围绕 Django 中的模板进行讲解，包括模板的基础使用方法以及模板继承等更加实用的开发技巧。除此之外，还将更为全面地介绍过滤器的相关内容。通过本章的学习，读者可以熟练运用模板并结合过滤器进行 Django 页面开发。

预习作业

1. **预习并回答以下问题**

请阅读本章内容，并在作业本上完成以下简答题。

（1）请列举出至少 5 个以上的 Django 内置标签。

（2）在 Django 模板中，如须删除 value 中所有的 HTML 标签，则可以使用什么过滤器？

（3）简述自定义过滤器的作用和应用场景。

2. **预习并完成以下编码题**

编写并完成本章的所有示例代码。

任务 4.1 初识模板

Django 的模板系统（Template System）可以实现将页面的设计和 Python 的代码分离，以帮助开发者快速生成页面并呈现给用户。下面介绍 Django 模板的使用。

4.1.1 什么是 Django 模板

认识 Django 模板，首先要理解模板的概念。在日常生活中，我们可能会遇到如下场景：制作 PPT 时会选择 PPT 模板，编写简历时会使用个人简历模板等，如图 4.1 和图 4.2 所示，利用模板可以快速地完成或者填充某项内容。而 Django 作为 Web 框架，也需要一种很便利的方法以动态地生成 HTML 网页，由此就有了模板的概念。模板中包含所需的 HTML 部分代码以及一些特殊的语法，用于描述如何将数据动态地插入 HTML 网页中。

图4.1　PPT模板

个 人 简 历						
一、基本情况							
姓　名		性　别		民　族		照片
籍　贯		出生日期		身价证号		
电　话						
联系地址					
电子邮箱					
户口所在地址					
二、家庭成员情况					
姓　名	与本人关系	政治面貌	工作单位及职务		
三、教育背景（从中学填写）					
起始年月	学　校		专　业	备　注	
四、工作及实习经历					
起始年月	工作单位		岗　位	证明人及电话	

年　　月　　日

图4.2　个人简历模板

Django 模板是一个 String 文本，用来分离一个文档的展现和数据。模板定义了 placeholder 和表示多种逻辑的 tags，用于规定文档的展现方式。通常模板用来输出 HTML，但是 Django 模板也能生成其他基于文本的形式。

Django 项目可以配置一个或多个模板引擎（如果不使用模板，可以没有模板引擎）。Django 为自己的模板系统提供内置后端，称为 Django 模板语言（Django Template Language，DTL），也是 Django 内置的模板语言。除此之外也可以选择 Jinja2，作为模板语言的后端。本章中关于模板语言选择的是 Django 默认的内置模板语言（DTL）。

下面先来看一段模板代码。

```
#…省略部分代码
<ul class="goods_type_list clearfix">
    {% for item in goodslist %}
    <li>
        <a href="detail.html"><img src="{{item.imgurl}}"></a>
        <h4><a href="detail.html">{{item.name}}</a></h4>
        <div class="operate">
            <span class="prize">￥{{item.price}}</span>
            <span class="unit">{{item.price}}/{{item.weight}}g</span>
            <a href="#" class="add_goods" title="加入购物车"></a>
        </div>
    </li>
    {% endfor %}
</ul>
```

这里不要求读者完全理解上面的代码，主要是想让读者快速感受到模板所带来的便捷。在后面的介绍中，会将上述代码中的特殊标签替换成正式的数据。

4.1.2 定义模板

开始定义模板之前，我们先介绍模板的使用步骤。

- 准备静态 HTML 文件，存储在项目 templates 文件夹下。
- 修改 settings.py 配置 TEMPLATE_DIRS。
- 通过模板标签修改 HTML 页面显示内容。
- 修改视图文件 views.py 中 render 内容。

下面在创建好的 Django 项目中，找到新创建的 users 应用，修改 views.py 文件，添加视图函数 index，先采用传统的方式返回"Hello world"，代码如示例 4-1 所示。

示例 4-1

```
from django.http import HttpResponse
def index(request):
    return HttpResponse("<h1>hello world</h1>")
```

通过这种方式编写完成视图函数后，配置 urls.py，在浏览器中进行访问，可以看到正常输出了"Hello world"。但这种方式，将 HTML 内容与后台逻辑混在一起，不便于后期的维护与扩展。

如采用模板的方式进行输出，首先在项目的根目录下定义存储模板的文件夹，通常将其命名为 templates，然后在该文件夹下创建 index.html，在里面通过{{}}输出后台所返回的内容。

模板页面创建完成后，还需要将模板所在的路径在 settings.py 中进行配置，使用该 TEMPLATES 设置模板引擎。settings.py 下模板配置后的代码如下。

```python
TEMPLATES=[
    {
        'BACKEND': 'django.template.backends.django.DjangoTemplates',
        'DIRS': [os.path.join(BASE_DIR, 'templates')],
        'APP_DIRS': True,
        'OPTIONS': {
            'context_processors': [
                'django.template.context_processors.debug',
                'django.template.context_processors.request',
                'django.contrib.auth.context_processors.auth',
                'django.contrib.messages.context_processors.messages',
            ],
        },
    },
]
```

针对模板配置的配置项解释如下。

- BACKEND：实现 Django 模板后端 API 的模板引擎类的虚拟 Python 路径（内置后端 django.template.backends.django.DjangoTemplates 或 django.template.backends.jinja2.Jinja2）。
- DIRS：定义引擎应按搜索顺序查找模板源文件的目录列表。
- APP_DIRS：引擎是否应该在已安装的应用程序中查找模板源文件。
- OPTIONS：要传递给模板后端的额外参数。

templates/index.html 代码如下。

```html
<!DOCTYPE html>
<html>
<head>
    <meta charset="UTF-8">
    <meta name="viewport" content="width=device-width, initial-scale=1.0">
    <meta http-equiv="X-UA-Compatible" content="ie=edge">
    <title>Document</title>
</head>
<body>
    <h1>{{ hello }}: {{ name }}</h1>
</body>
</html>
```

修改 views.py 中代码如下。

```python
from django.shortcuts import render
```

```
def index(request):
    hello="Hello World"
    name="张三"
    return render(request, 'index.html',  {
            "hello":hello,
            "name":name
        })
```

使用 python manage.py runserver 命令运行项目，浏览器中访问 http://localhost:8000/index/，效果如图 4.3 所示。

图4.3　Hello World运行效果

任务 4.2　模板的使用

Django 中的模板由注释、模板变量、模板标签、过滤器这 4 部分内容组成。本节将详细介绍每一部分的使用。

4.2.1　注释

在日常开发中，注释也是需要编写的一部分，养成良好的编码习惯和注释习惯，会大大减少后期项目维护的成本。在 Django 模板中，注释的使用有以下两种方式。

单行注释：

{# 注释内容 #}

多行注释：

{% comment %}

　　多行注释内容

{% endcomment %}

4.2.2　模板变量

变量是模板中最基本的组成单位，是视图传递给模板的数据，当模板引擎遇到变量时，它会计算该变量并将其替换为结果。变量以{{variable}}表示，其中 variable 是变量名,变量的类型必须是 Python 支持的数据类型,{{}}里的内容可以是一个普通的变量,也可以是某个对象或属性,变量的使用如下:

```
#变量 name 表示为从视图传递到模板的数据,name 为字符串类型,如 name="张三"
{{name}}
#输出 张三
#变量 obj 表示从视图传递到模板的一个对象,如 obj={"name":"张三","age":18}
{{obj.name}} #输出张三
{{obj.age}} #输出 18
```

4.2.3 模板标签

Django 中的标签比变量更为复杂,有些标签可以在输出中创建文本,有些则须通过执行循环或逻辑语句来控制,有些则将外部信息加载到模板中供以后的变量使用。Django 附带了大约 24 个内置模板标签,表 4-1 所示是常用的内置模板标签。

表 4-1　Django 常用内置模板标签

标签	说明
{% for %}	循环遍历列表/数据对象中的每个项目,使项目在上下文变量中可用
{% if %}	对变量进行条件判断
{% csrf_token %}	生成 csrf_token 标签,用于防护跨站请求伪造攻击
{% extends %}	模板继承
{% block %}	重写父类模板的代码
{% spaceless %}	删除 HTML 标记之间的空格,这包括制表符和换行符
{% url %}	引用路由配置的地址,生成相应的 URL 地址
{% with %}	将变量名重新命名
{% static %}	读取静态资源的文件内容
{% include %}	模板中包含其他的模板内容

如须了解 Django 中更多的模板标签,则可以访问 Django 官方文档进行查看。表 4-1 中所展示的每个常用内置模板标签都有各自的含义和作用,下面我们通过简单的例子进一步介绍部分模板标签的使用。

1. {% for %}标签

首先学习{% for %}标签的使用。在创建好的 Django 项目中,找到新创建的 users 应用,修改 views.py 文件,添加视图函数 index,在里面定义用户数据列表,并指定模板文件进行返回,代码如示例 4-2 所示。

示例 4-2

```
from django.shortcuts import render
def index(request):
    userlist=[{"name":"张三","age":17,"addtime":"2018-9-1"},{"name":"李四","age":19,"addtime":"2017-9-1"},{"name":"王五","age":18,"addtime":"2018-10-1"}]
    return render(request, 'index.html', {"ulist":userlist})
```

在 urls.py 下配置路由规则，当访问/index 时，映射到 users 应用下的 index 视图函数。urls.py 下的代码如下。

```python
from django.urls import path
from users.views import index
urlpatterns=[
    path('index/', index),
]
```

在项目根目录创建 templates 文件夹，定义 index.html 模板文件，关于模板文件 settings.py 配置这里不再赘述。在模板文件中，接收视图函数所传递过来的 ulist 变量，针对用户列表数据进行遍历输出，templates/index.html 代码如下。

```html
<!DOCTYPE html>
<html>
<head>
    <meta charset="UTF-8">
    <meta name="viewport" content="width=device-width, initial-scale=1.0">
    <meta http-equiv="X-UA-Compatible" content="ie=edge">
    <title>Document</title>
</head>
<body>
    <ul>
        {% for item in ulist %}
        <li>{{ item.name }} {{ item.age }} {{ item.addtime }}</li>
        {% endfor %}
    </ul>
</body>
</html>
```

上述代码中，用到了{% for %}标签进行遍历，即每个 item 为一个对象，所以在模板变量中，可以访问到对象下的属性并进行展示。使用的模板标签，有的是双标签，如{% for %}表示开始，{% endfor %}表示结束；有的是单标签，后面用到时再对其进行详细说明。

这时使用 python manage.py runserver 命令启动项目，在浏览器中访问 http://localhost:8000/index/ 即可看到用户列表展示，效果如图 4.4 所示。

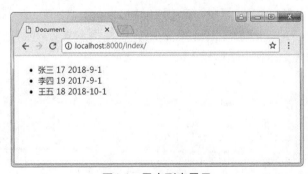

图4.4　用户列表展示

在{% for %}标签中，模板还提供了一些特殊的变量来获取{% for %}标签的循环信息，如表 4-2 所示。

表 4-2 for 标签模板变量说明

变量	说明
forloop.counter	获取当前循环的索引，从 1 开始
forloop.counter0	获取当前循环的索引，从 0 开始
forloop.first	当遍历的元素为第一项时，返回 True
forloop.last	当遍历的元素为最后一项时，返回 True
forloop.parentloop	在嵌套的{% for %}循环中，获取上层{% for %}循环的 forloop

2. {% if %}标签

结合{% if %}标签与{% for %}标签中的模板变量进行条件判断与输出，修改 templates/index.html 代码如下。

```
<!DOCTYPE html>
<html>
<head>
    <meta charset="UTF-8">
    <meta name="viewport" content="width=device-width, initial-scale=1.0">
    <meta http-equiv="X-UA-Compatible" content="ie=edge">
    <title>Document</title>
</head>
<body>
    <ul>
        {% for item in ulist %}
        <li>
            {% if forloop.counter==1 %}
            <p>当前索引为 1</p>
            {% elif forloop.last %}
            <p>这是最后一次循环</p>
            {% endif %} {{item.name}} {{item.age}} {{item.addtime}}
        </li>
        {% endfor %}
    </ul>
</body>
</html>
```

这里用到{% if %}条件判断标签，其中{% elif %}标签必须跟在{% if %}标签后使用，{% endfor %}为结束标签。再次启动项目，运行效果如图 4.5 所示。

3. {% csrf_token %}标签

前面所介绍的两个都是双标签，{% csrf_token %}为单标签，即不需要有对应的结束标签。在 Django 模板标签中，{%csrf_token%}标签是制作表单提交页面时非常重要的标签。跨站请求伪造（Cross Site Request Forgery，CSRF）是伪造客户端请求的一种攻击，即攻击者盗用某人的身份，以其名义发送恶意请求。CSRF 能够做的事情包括以某人名义发送邮件，发消息，盗取账号，甚至购买商品，虚拟货币转账等，造成的问题包括个人隐私泄露以及财产安全。

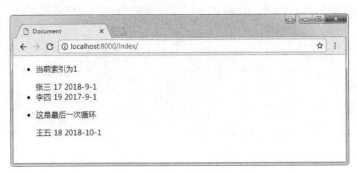

图4.5 if标签与for标签结合

默认情况下，当使用 django-admin startproject xxx 命令创建工程时，CSRF 防御机制就已经开启了。如果没有开启，可以在 MIDDLEWARE 设置中添加'django.middleware.csrf.CsrfViewMiddleware'。CSRF 的防御可以从服务端和客户端两方面着手，在 Django 中防御 CSRF 攻击的原理即在客户端页面上添加{%csrf_token%}，在服务器端进行验证，服务器端验证的工作通过'django.middleware.csrf.CsrfViewMiddleware'这个中间层来完成。

前期搭建 Django 项目、创建应用、配置模板、配置路由等步骤，这里不再进行赘述，核心代码如示例 4-3 所示。

示例 4-3

首先在 templates/index.html 模板文件中表单内添加{%csrf_token%}，代码如下。

```html
<!DOCTYPE html>
<html>
<head>
    <meta charset="UTF-8">
    <meta name="viewport" content="width=device-width, initial-scale=1.0">
    <meta http-equiv="X-UA-Compatible" content="ie=edge">
    <title>Document</title>
</head>
<body>
    <form action="/login/" method="post">
        {% csrf_token %} 用户名：
        <input type="text" name="username">
        <br/> 密码：
        <input type="text" name="userpwd">
        <br/>
        <input type="reset">
        <input type="submit">
    </form>
</body>
</html>
```

渲染模板时，Django 会把 {% csrf_token %} 替换成一个<input type="hidden", name='csrfmiddlewaretoken' value=服务器随机生成的 token 元素/>，并在提交表单的时候，把这个 token 提交上去。随后可以在视图函数中，对提交过来的 csrfmiddlewaretoken 进行验证。

users 应用下的 views.py 文件代码如下。

```
from django.shortcuts import render
from django.http import HttpResponse
from django.views.decorators.csrf import csrf_exempt,csrf_protect
@csrf_protect
def login(request):
    if request.method=="GET":
        return render(request,"index.html")
    elif request.method=="POST":
        name=request.POST.get("username")
        pwd=request.POST.get("userpwd")
        return HttpResponse("<h1>OK!</h1>")
```

这里的 csrf_exempt 与 csrf_protect 装饰器作用如下：在不需要验证的方法中加入装饰器@csrf_exempt，则该函数不用验证；在需要验证的视图中加入装饰器@csrf_protect，则启动项目，验证通过后会返回 OK，如果未通过 Django csrf 中间件的安全验证则返回 403 错误。这里可以选择 Postman 作为测试工具，在 Postman 中访问 http://localhost:8000/login/，且传递 post 参数，效果如图 4.6 所示。

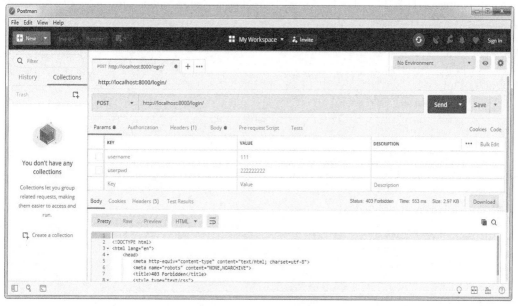

图4.6　Postman模拟请求

4. {% include %}标签

{%include%}标签允许在模板中包含其他模板的内容。标签的参数是所要包含的模板名称，它可以是一个变量，也可以是用单/双引号硬编码的字符串。每当在多个模板中出现相同的代码时，就应该考虑是否要使用{% include %}来进行引用。例如，在制作一个网页时，页面的头部和底部大多数情况下都是相同的，这时就可以使用{% include %}标签进行引用。使用方式如下。

首先定义一个公用的底部 footer.html，代码如下。

```
<div>
    <p>
        联系我们 | 网站地图 | 站点导航 | 版权信息
    </p>
</div>
```

这时在主页 index.html 中使用{%include%}标签进行引用，代码如下。

```
{% include 'footer.html' %}
```

5. {% extends %}标签

在一个网站中，我们会发现点击导航栏可以切换到不同的页面，该过程中导航部分是不变的，只是页面的主体内容发生变化。在这种情况下就可以对导航部分新建父模板，其他的子页面继承父模板即可。在 Django 模板引擎中最为强大的部分就是模板继承。模板继承可以创建一个基本的"骨架"模板，它包含站点中的全部元素，并且可以定义能够被子模版覆盖的 blocks。

{% extends %}标签的使用如示例 4-4 所示。

示例 4-4

在 templates 目录下，创建 base.html 作为父模板，创建 index.html 作为子模板，其中 templates/base.html 代码如下。

```
<!DOCTYPE html>
<html>
<head>
    <meta charset="UTF-8">
    <meta name="viewport" content="width=device-width, initial-scale=1.0">
    <meta http-equiv="X-UA-Compatible" content="ie=edge">
    <title>Document</title>
</head>
<body>
    <h1>欢迎访问父页面</h1>
    {% block content %}
    <h1>父页面内容</h1>
    {% endblock %}
</body>
</html>
```

这里通过{% block content %}指定子模板中可以重写的区域，需要注意的是{% block %}标签可以有多个，但是不能同名。这时在子模板 templates/index.html 中添加以下代码。

```
{% extends "base.html" %}
{% block content %}
{# 继承父类模块须在指定的块下使用 super#}
{{ block.super }}
<p>子模板内容</p>
{% endblock %}
```

在 index.html 中使用{% extends "base.html" %}对父模板进行继承，所以在 index.html 中并不需要重复出现 HTML 标签。使用{% block content %}可以对父模板中的内容进行修改，但是如果希望保留父模板中的内容，则可以通过{{block.super}}进行访问。这样运行后就会将父模板与子模板的内容同时展示出来，在浏览器中查看效果如图 4.7 所示。

图4.7 模板继承

除上述介绍的模板标签外，还有许多其他模板标签在实际开发中经常会被用到，读者可以扫描二维码进行学习。

csrf和html 转义

4.2.4 过滤器

Django 中采用的是 MTV 模式，最后从数据库中取出来的数据会经过 View 视图渲染到 Template 模板上，前面已经介绍了如何在模板上对数据进行展示，下面将讲解如何在模板中对数据进行简单的二次处理，如格式转换、大小写转换等。在 Django 中过滤器被分为内置过滤器与自定义过滤器，下面对其分别进行介绍。

1. 内置过滤器

过滤器主要是对模板变量的内容进行处理，如进行替换、反序、大小写转换、格式化等操作。通过过滤器不但可以非常简单且快速地达到想要的效果，而且也会相应减少视图函数中的代码量。过滤器的使用方法如下。

```
{{ value | filter}}
```

其中，value 表示要处理的模板变量，"|"表示管道符号，filter 则表示具有相应功能的过滤器。在实际使用中，变量可以支持多个过滤器同时使用，例如下面这种写法。

`{{value | filter1 | filter2 }}`

为了便于使用，Django 中提供了丰富的内置过滤器，表 4-3 所示为常用的内置过滤器。

表 4-3 Django 常用内置过滤器

过滤器	说明	使用形式
upper	以大写方式输出	`{{ value	upper }}`
add	给 value 加上一个数值	`{{ value	add:"5"}}`
lower	字符串变小写	`{{ value	lower}}`
capfirst	第一个字母大写	`{{ "good"| capfirst }}` 返回"Good"
cut	删除指定字符串	`{{ "zhang san"	cut:"san" }}`
date	将日期格式数据按照给定的格式输出	`{{value	date:"D d M Y"}}`
length	返回 value 的长度	`{{value	length}}`
first	返回列表中的第一个 item	`{{ value	first }}`
last	返回列表中的最后一个 item	`{{ value	last}}`
safe	关闭 HTML 转义	`{{ value	safe}}`

通过表 4-3 读者可以了解 Django 中提供的常用过滤器，如须查询更多内置过滤器，则可以访问 Django 官方文档进行查看。

2. 自定义过滤器

虽然 Django 提供了非常丰富的内置过滤器，已经可以满足大部分开发需求，但是在使用过程中，仍会遇到内置过滤器无法满足的情况，这时就可以使用自定义过滤器。自定义过滤器的使用如示例 4-5 所示。

示例 4-5

首先在创建好的 users 应用下，创建 templatetags 文件夹，用来存放自定义过滤器的代码文件。需要注意的是，文件夹的命名必须为 templatetags，否则 Django 在运行的时候将无法识别自定义过滤器。

在 templatetags 目录中定义 __init__.py 与 myfilter.py 文件，__init__.py 表示该目录是一个可以载入的模块，其中 myfilter.py 文件用来编写自定义过滤器的实现代码，文件名可以自由命名，在这个文件中也可以定义多个过滤器。filter.py 代码如下。

```
from django import template
#声明一个模板对象，也称为注册过滤器
register=template.Library()
#声明并定义过滤器
@register.filter
def myreplace(value, arg):
    # 把传递过来的参数 arg 替换为'~'
    return value.replace(arg, '~')
```

这里定义的过滤器名称为 myreplace，过滤器内部实现的功能也非常简单，即将传递进来的参数替换为指定字符 "~"。过滤器定义完成后，需要将其注册到 INSTALL_APPS

中，注册后的代码如下。

```
INSTALLED_APPS=[
    'django.contrib.admin',
    'django.contrib.auth',
    'django.contrib.contenttypes',
    'django.contrib.sessions',
    'django.contrib.messages',
    'django.contrib.staticfiles',
    'users',
    'users.templatetags'
]
```

然后创建模板。在 templates/index.html 中使用前面所定义好的自定义过滤器，代码如下。

```
{% load myfilter %}
<!DOCTYPE html>
<html>
<head>
    <meta charset="UTF-8">
    <meta name="viewport" content="width=device-width, initial-scale=1.0">
    <meta http-equiv="X-UA-Compatible" content="ie=edge">
    <title>Document</title>
</head>
<body>
    <h1>
        {{ str | myreplace:'!'}}
    </h1>
</body>
</html>
```

最后在页面顶部使用{% load %}标签将过滤器所在文件进行加载，在模板变量 str 后面使用自定义过滤器 myreplace 进行替换操作，这里便可以将"!"替换为"~"符号。

4.2.5 上机训练

上机练习：制作商品列表展示

需求说明：

制作图 4.8 所示效果，要求如下。

➢ 根据图 4.8 所展示的数据，模拟商品数据，包含商品名称、价格、图片、重量等信息。

➢ 定义 list.html 作为商品列表页模板，在列表中通过{% for %}标签进行数据遍历。

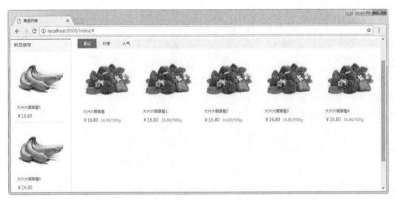

图4.8 商品列表

本章作业

编码题

创建商品项目，包含商品列表页面，点击某个商品可以进入商品详情页面，页面效果如图 4.8 和图 4.9 所示。需求如下：

（1）定义商品 goods 应用，在 goods 应用下定义商品类。

（2）商品类中包含字段：商品名称、价格、重量、图片等。

（3）在 goods 应用下创建视图函数以分别用于获取商品列表和商品详情。

（4）配置 settings.py 下的模板路径，创建 list.html、detail.html。

（5）配置 urls.py 路由，当访问 index/时则显示商品列表，当访问 detail/1 时则根据传入的 ID 返回对应的商品详情。

（6）利用 objects 管理器动态查询商品列表、商品详情数据，并将内容打印到控制台中。

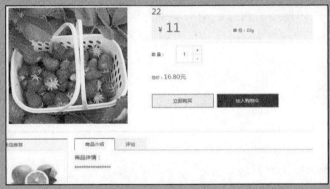

图4.9 商品详情

作业答案

第 5 章

admin 后台系统

本章任务

任务 5.1　使用 admin 管理后台
任务 5.2　二次开发 admin 管理后台
任务 5.3　使用 xadmin 管理后台

技能目标

❖ 理解 admin 管理后台的作用；
❖ 掌握 admin 管理后台的配置及使用方法；
❖ 掌握 xadmin 的配置及使用方法。

本章知识梳理

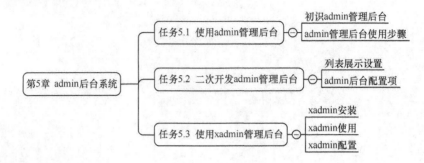

本章简介

Django 有一个优秀的特性——内置 Django admin 后台管理系统,其主要作用是对前台的信息进行管理。通过配置 admin 后台,可以快速得到完整的后台管理系统,无须进行编码开发,从而大大节省开发人员的开发时间。本章将围绕 admin 管理系统进行讲解,包括 admin 管理后台的介绍和使用以及在现有功能的基础上进行 admin 管理后台的二次开发。同时还引入 xadmin,xadmin 作为 admin 的升级版带来更多的功能。通过本章的学习,读者将熟练掌握 admin 后台管理系统的使用,并将其灵活地运用到项目开发中。

预习作业

1. 预习并回答以下问题

请阅读本章内容,并在作业本上完成以下简答题。
(1) 如须控制 admin 后台列表中所显示的字段,则应如何进行配置?
(2) 简述 xadmin 的使用步骤。

2. 预习并完成以下编码题

编写并完成本章的所有示例代码。

任务 5.1 使用 admin 管理后台

Django 的 admin 可以提供一个强大的后台管理功能,实现在 Web 界面对数据库进行操作。下面将介绍 admin 的使用。

5.1.1 初识 admin 管理后台

后台管理系统是内容管理系统(Content Manage System,CMS)的一个子集,简单地说:一个网站管理系统是把一个网站的内容(如文字、图片等)与网站的组件分离开来，控制各页面上的内容显示。通过这个系统，我们可以方便地管理、发布、维护网站的内容，而不再需要硬性地写 HTML 代码或手工建立每一个页面。在实际开发中，开发人员除了开发供用户浏览访问的客户端网站外，还需要开发一款后台系统以供公司的维护人员或者网站的管理人员使用。后台管理系统大致包括权限管理、产品管理、新闻管理、用户管理、日志管理等模块。

Django 框架是由美国 World Company 的工程师 Adrian Holovaty 和 Simon Willison 在开发公司运行的新闻网站（LJWorld.com、Lawrence.com、KUsports.com）时，逐渐完善丰富而成，2005 年开源，是迄今为止 Python 界名气最大的 Web 框架。而 Django 最为强大的功能之一就是其自带 admin 管理后台。内置的 admin 管理后台,可以从定义的模型中读取元数据，以提供快速且以模型为中心的界面，方便管理者添加和删除网站的内容。即当构建完模型后，只须进行简单的配置，就能拥有一个后台管理系统，登录和管理界面如图 5.1、图 5.2 所示。

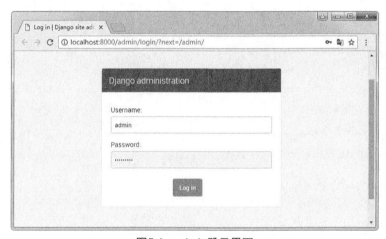

图5.1　admin登录界面

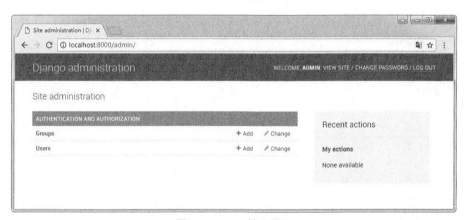

图5.2　admin管理界面

从图 5.2 中可以看到，Django 提供的 admin 管理系统，已经提供了对各个表的插入、删除、修改、查询功能，大大缩短了项目的开发周期，降低了开发成本。

5.1.2 admin 管理后台使用步骤

admin 管理后台的使用步骤如下。
- 在 settings.py 中启动 admin（创建项目时已经默认启动）。
- 提前创建需要管理的模型，并执行迁移，生成数据表。
- 创建管理员账号。
- 编写 admin.py 文件，将需要管理的模型注入。

admin 管理后台在创建项目时便已经默认启动，可以在 settings.py 配置文件 ISTALL_APPS 下看到，代码如下。

```
INSTALLED_APPS=[
    'django.contrib.admin',
    'django.contrib.auth',
    'django.contrib.contenttypes',
    'django.contrib.sessions',
    'django.contrib.messages',
    'django.contrib.staticfiles',
]
```

其中第一项 django.contrib.admin 即默认启动，这时在初始化项目的 urls.py 中，查看默认的路由配置代码如下。

```
from django.contrib import admin
from django.urls import path
urlpatterns=[
    path('admin/', admin.site.urls),
]
```

这里的 admin 表示默认配置了 admin 管理后台的路由规则，当在浏览器访问 http://localhost:8000/admin/时即可进入 admin 管理后台的登录界面，如图 5.1 所示。

图 5.1 中需要账号和密码才能进行登录，这时先执行迁移命令，生成数据表，创建好 book 应用，并且定义模型类 BookClass 与 BookInfo，代码如示例 5-1 所示（这里对于项目创建、应用创建、应用配置等内容不再进行赘述）。

示例 5-1

book/models.py 下代码如下。

```
from django.db import models
class BookClass(models.Model):
    name=models.CharField(max_length=20, verbose_name=u"分类名称")
    def __str__(self):
        return self.name
class BookInfo(models.Model):
    bookclass=models.ForeignKey(BookClass,on_delete=models.CASCADE, verbose_name=u"图书分类", null=True, blank=True)
    name=models.CharField(max_length=50, verbose_name=u"图书名称")
    price=models.IntegerField(verbose_name=u"价格",default=20)
```

```
    author=models.CharField(max_length=20, verbose_name=u"作者")
    def __str__(self):
        return self.name
```

模型类定义完成后,使用 python manage.py makemigrations book 命令生成迁移文件,使用 python manage.py migrate 命令执行迁移,生成数据表,如图 5.3 所示。这时数据库中定义的除模型类 BookClass 与 BookInfo 外,还包括 Django 自身所需要的表也一并创建成功。

图5.3　执行迁移

然后进入 admin 后台,首先需要创建一个超级管理员账号,可使用 python manage.py createsuperuser 命令新建,如图 5.4 所示。

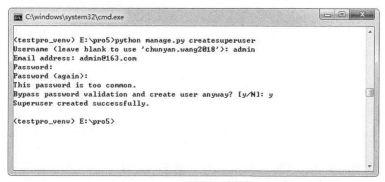

图5.4　创建管理员账号

通过图 5.4 可知,创建超级管理员账号时根据提示的信息依次输入用户名、邮箱、密码、确认密码即可。这里需要注意的是,输入的密码并不会显示出来,只需要继续输入并保证两次密码输入一致即可。当看到提示"Superuser created successfully"时表示管理员账号创建成功,此时便可以使用该账号进行登录。

在地址栏中访问 http://localhost:8000/admin/,输入刚刚创建好的管理员账号、密码,即可进入主页面,如图 5.2 所示。

此时在图 5.2 中并没有显示所创建的 BookClass 与 BookInfo,如须显示还需要在应用下的 admin.py 中进行配置。每个创建好的应用下都默认有一个 admin.py 文件，在这个文件中可以对当前应用在 admin 管理后台中呈现的内容进行配置。在后面 admin 管理后台二次开发中我们将重点讲解 admin.py 中的配置内容，这里只须将定义好的模型类注册到 admin 管理后台中即可。

book/admin.py 代码如下。

```
from django.contrib import admin
from book.models import BookInfo,BookClass
#在 admin 中注册绑定
admin.site.register(BookInfo)
admin.site.register(BookClass)
```

在 admin.py 中将模型类注册到 admin 下，这样才能在 admin 管理后台显示这些类。配置完成，不需要重新启动，在浏览器中刷新即可。因为在 debug 模式下，代码保存后，会自动进行检测重启。模型类注册完成后的页面如图 5.5 所示。

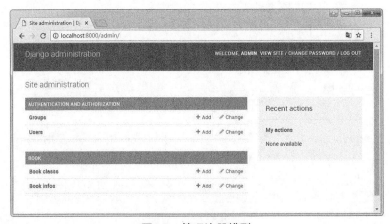

图5.5　管理注册模型

图 5.5 显示出了 BookClass 与 BookInfo 的管理界面，此时便能一览 admin 管理后台强大的功能了，如图 5.6～图 5.9 所示。

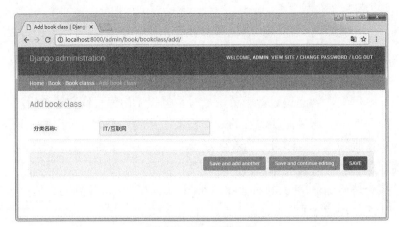

图5.6　添加图书分类

图5.7 图书分类列表

图5.8 添加图书

图5.9 图书列表

任务 5.2 二次开发 admin 管理后台

如果仅是在 admin 中简单地展示并管理模型，则按照前述内容使用 admin.site.register 命令将模型注册即可。但在实际开发中，开发人员还需要对 admin 管理后台展示的内容和方式进行控制，这时就需要对 admin 进行深度定制，即须在 admin.py 中进行 admin 管理后台的二次开发。本节将围绕这些内容展开讲解。

5.2.1 列表展示设置

1. list_display

当我们在示例 5-1 中将 BookClass 与 BookInfo 注册到 admin 之后，浏览列表展示时会发现页面只显示 BookClass 与 BookInfo 字段，分别显示图书分类名称与图书名称。如果希望在列表上展示更多的信息，则可以通过使用 list_display 实现，使用语法如下。

```
list_display=('field1_name', 'field2_name')
```

list_display 属性指定显示在修改页面上的字段，接收数据类型为列表，即只设置一个字段时，也需要跟上逗号，如（'field1_name',）。如果不设置这个属性，admin 站点将只显示一列，内容是每个对象的 __str__()。

这时创建 Django 项目，添加 book 应用，配置代码可参考示例 5-1，修改示例 5-1 中 admin.py 进行相关配置，代码如示例 5-2 所示。

示例 5-2

book/admin.py 代码如下。

```
from django.contrib import admin
from book.models import BookInfo,BookClass
#BookInfo 模型的管理器
class BookInfoAdmin(admin.ModelAdmin):
    #listdisplay 设置要显示在列表中的字段
    list_display=('id', 'name', 'price', 'author ','bookclass')
#BookClass 模型的管理器
class BookClassAdmin(admin.ModelAdmin):
    #listdisplay 设置要显示在列表中的字段
    list_display=('id', 'name')
#在 admin 中注册绑定
admin.site.register(BookInfo,BookInfoAdmin)
admin.site.register(BookClass,BookClassAdmin)
```

针对每个模型类创建一个管理器，管理器继承自 admin.ModelAdmin，ModelAdmin 类是一个模型在 admin 页面里的展示方法，可以对模型类在后台的显示进行配置，其中 list_display 表示在后台列表中所展示的字段，在这里可以灵活地配置需要展示的字段。最后，应将全部管理器注册到 admin 下，只有这样才可以在 admin 管理后台显示这些类。

上述代码中将管理器与注册语句分开，如果项目中模型过多，还可以采用装饰器的方式进行注册，代码如下。

```
from django.contrib import admin
from book.models import BookInfo,BookClass
@admin.register(BookInfo)
class BookInfoAdmin(admin.ModelAdmin):
    #listdisplay 设置要显示在列表中的字段
    list_display=('id', 'name', 'price', 'author ','bookclass')
@admin.register(BookClass)
class BookClassAdmin(admin.ModelAdmin):
    #listdisplay 设置要显示在列表中的字段
    list_display=('id', 'name')
```

配置完成，只须在浏览器中刷新即可，页面效果如图 5.10 和图 5.11 所示。

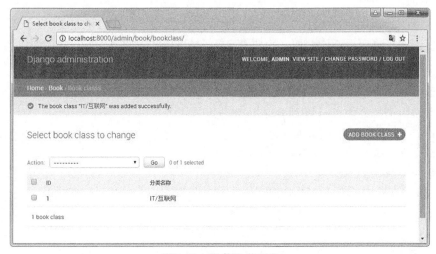

图5.10　图书分类列表

图5.11　图书列表

> 经验
>
> 在 list_display 中，通常会设置模型的字段名。list_display 可以设置以下 4 种值。
>
> （1）模型的字段名（本节中使用的方式）。
>
> （2）可调用接受一个参数的模型实例。
>
> （3）表示 ModelAdmin 的某个属性的字符串。
>
> （4）表示模型的某个属性的字符串。
>
> 这里关于其他三种设置的方式仅作为了解即可，对此感兴趣的读者可以自行查看 Django 官方文档，了解更多内容。

2. list_editable

在修改列表页面中，list_editable 选项的作用为指定可以被编辑的字段。接收数据类型为列表，即只设置一个字段时，也需要跟上逗号，如（'field1_name',）。指定的字段将显示为编辑框，可以批量保存。使用语法如下。

```
list_editable=('field1_name', 'field2_name')
```

这时修改示例 5-2 中的 book/admin.py，代码如下。

```
from django.contrib import admin
from book.models import BookInfo,BookClass
#BookInfo 模型的管理器
class BookInfoAdmin(admin.ModelAdmin):
    #listdisplay 设置要显示在列表中的字段
    list_display=('id', 'name', 'price', 'author','bookclass')
    #设置在列表中可编辑的字段
    list_editable=('name','author')
#BookClass 模型的管理器
class BookClassAdmin(admin.ModelAdmin):
    #listdisplay 设置要显示在列表中的字段
    list_display=('id', 'name')
#在 admin 中注册绑定
admin.site.register(BookInfo,BookInfoAdmin)
admin.site.register(BookClass,BookClassAdmin)
```

在图书列表中，指定姓名与作者作为可编辑的字段，在浏览器中查看图书列表页面效果，如图 5.12 所示。

3. search_fields

search_fields 可以为 admin 的修改列表页面添加一个搜索框。接收数据类型为列表，即只设置一个字段时，也需要跟上逗号，如（'field1_name',）。使用语法如下。

```
search_fields= ('field1_name', 'field2_name')
```

图5.12　编辑字段

这时修改示例 5-2 中的 book/admin.py，代码如下。

```
from django.contrib import admin
from book.models import BookInfo,BookClass
#BookInfo 模型的管理器
class BookInfoAdmin(admin.ModelAdmin):
    #listdisplay 设置要显示在列表中的字段
    list_display=('id', 'name', 'price', 'author','bookclass')
    #设置在列表中可编辑的字段
    list_editable=('name','author')
    #设置搜索字段
    search_fields =('name','author')
#BookClass 模型的管理器
class BookClassAdmin(admin.ModelAdmin):
    #listdisplay 设置要显示在列表中的字段
    list_display=('id', 'name')
#在 admin 中注册绑定
admin.site.register(BookInfo,BookInfoAdmin)
admin.site.register(BookClass,BookClassAdmin)
```

这时刷新浏览器中所展示的图书列表页面，效果如图 5.13 所示。

在代码中设置 name 与 author 字段作为搜索字段，即在列表页面中的搜索框内输入图书名称或者作者名称都可以检索到记录。在搜索框输入"python"时，Django 中 admin 后台将执行等同于下面的 SQL WHERE 语句：WHERE (name LIKE '%python%' OR author LIKE '%python%')。

图5.13 设置搜索字段

 注意

在设置 search_fields 时需要注意设置的字段应是 list_display 中显示的字段。

4. ordering

ordering 可以设置排序的方式，负号表示降序排序。语法如下。

```
ordering=['-field1_name'],
```

修改示例 5-2 中的 book/admin.py，代码如下。

```
from django.contrib import admin
from book.models import BookInfo,BookClass
#BookInfo 模型的管理器
class BookInfoAdmin(admin.ModelAdmin):
    #listdisplay 设置要显示在列表中的字段
    list_display=('id', 'name', 'price', 'author','bookclass')
    #设置在列表中可编辑的字段
    list_editable=('name','author')
    #设置搜索字段
    search_fields =('name','author')
    #设置排序字段
    ordering=('-id',)
```

5. 显示按钮

在 admin 后台显示的列表中，操作按钮通常被放在列表的上方，但是在我们更为熟悉的管理后台中，习惯将按钮展示在列表中，以便于对每条数据进行编辑、审核等操作。可以在 admin.py 中进行配置，代码如下。

```
#BookInfo 模型的管理器
from django.utils.html import mark_safe
#BookInfo 模型的管理器
```

```
class BookInfoAdmin(admin.ModelAdmin):
    #…省略部分代码
    def buttons(self, obj):
        button_html="""<a class="changelink" href="#">编辑</a>"""
        return mark_safe(button_html)
    buttons.short_description="操作"
    #listdisplay 设置要显示在列表中的字段
    list_display=('id', 'name', 'price', 'author','bookclass','buttons')
```

定义 buttons 函数，编写 HTML 代码，通过引入的 mark_safe 可以使 ngo 不对 buttons 下的内容进行转义，最后将 buttons 配置到显示列表字段中。这时访问后台列表，效果如图 5.14 所示。

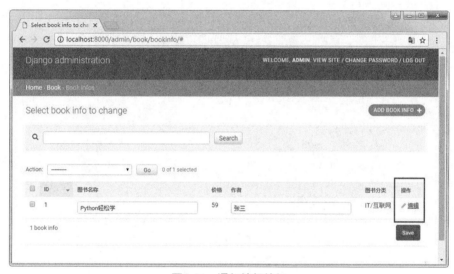

图5.14　添加编辑按钮

在图 5.14 中，虽然编辑按钮已经被显示到列表中，但是点击该按钮并没有任何反应，下面我们来实现点击编辑按钮时进入当前数据的编辑页面。首先点击图 5.14 中的 ID 项，观察 URL 变化为 http://localhost:8000/admin/book/bookinfo/1/change/ 且进入编辑页面，现在只需要将这个地址配置到 admin.py 中即可，代码如下。

```
def buttons(self, obj):
    button_html="""<a class="changelink"
href="http://localhost:8000/admin/book/bookinfo/%s/change/">
编辑</a>""" %(obj.id)
    return mark_safe(button_html)
```

将编辑 URL 中的 1 替换为动态的 obj.id，即可动态拼接编辑页面的 URL，重新访问，点击编辑按钮即可进入编辑页面。

6．显示图片

在列表中除基础字段的显示外，还有 ImageField 图片的显示，修改示例 5-2 model.py 为图书类添加图书封面字段到 static/images 目录下，修改后代码如下。

```python
class BookInfo(models.Model):
    #…省略部分代码
    imgsrc=models.ImageField(upload_to='static/images/',default='default.png',verbose_name=u"图书封面")
    def __str__(self):
        return self.name
```

这时在后台编辑图书信息时，可上传图书封面图片，如须使封面图片在列表中显示出来，则修改方法同按钮的显示相似，修改 admin.py，代码如下。

```python
from django.utils.html import mark_safe
#BookInfo 模型的管理器
class BookInfoAdmin(admin.ModelAdmin):
    #…省略部分代码
    #自定义编辑按钮
    def buttons(self, obj):
        button_html="""<a class="changelink" href="http://localhost:8000/admin/book/bookinfo/%s/change/">编辑</a>""" %(obj.id)
        return mark_safe(button_html)
    buttons.short_description="操作"
    #自定义图片显示
    def bookimg(self, obj):
        img_html='<img src="/%s" width="40px" height="40px" />' %(obj.imgsrc)
        return mark_safe(img_html)
    bookimg.short_description="图书封面"
    #listdisplay 设置要显示在列表中的字段
    list_display=('id','name','price','author','bookclass','imgsrc','bookimg','buttons')
```

在显示列表字段中，将原有的 imgsrc 字段与自定义的 bookimg 同时显示，可以对比二者的区别点，如图 5.15 所示。

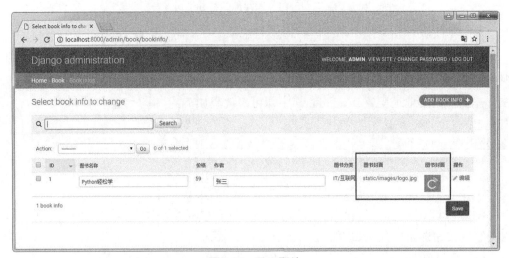

图5.15　显示图片

从图 5.15 中可发现，默认的 imgsrc 字段只是将图片地址显示出来，并没有展示图片，而自定义 bookimg 可以完成图片的显示。

5.2.2 admin 后台配置项

1. 界面汉化

进入 admin 后台，可以看到显示的内容全部为英文的，Django 中提供配置项可以进行汉化操作。在项目目录的 settings.py 文件中，修改配置如下。

```
LANGUAGE_CODE='zh-hans'
TIME_ZONE='Asia/Shanghai'
```

进入 admin 后台，效果如图 5.16 所示。

图5.16　界面汉化

2. 自定义页面标题

进入 admin 后台的初始界面如图 5.17 所示，图书页面的标题以及登录框上的标题为默认内容，如何对这些内容进行自定义呢？

图5.17　初始登录界面

找到应用下的 admin.py，添加如下配置。

admin.site.site_header='头部标题'
admin.site.site_title='新的 title'

重新打开 admin 后台，界面如图 5.18 所示。

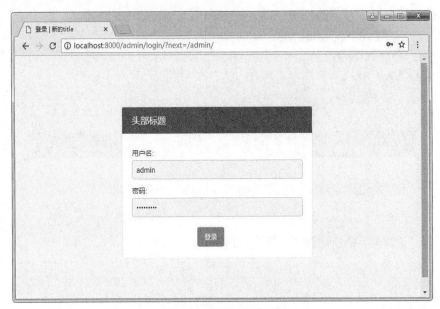

图5.18 配置页面标题

后期开发时，开发人员便可以在此对公司名称进行配置，以便更加友好地展示。

任务 5.3 使用 xadmin 管理后台

xadmin 是一个第三方 Django 管理后台，使用更加灵活的架构设计及 Bootstrap UI 框架，目的是替换现有的 admin，完全可扩展的插件支持。下面介绍 xadmin 的使用。

5.3.1 xadmin 安装

xadmin 属于 Django 的第三方库，如须使用，则先要进行安装。安装 xadmin 有两种方法。

第一种：通过 pip 命令进行安装。

pip install xadmin

安装完成后，可以通过 pip list 查看已安装的第三方库。

第二种：源码安装。可以在 Github 上搜索 xadmin，如图 5.19 所示，下载 xadmin 的源码，将 xadmin 源码复制到项目的目录下。

第 5 章 admin 后台系统

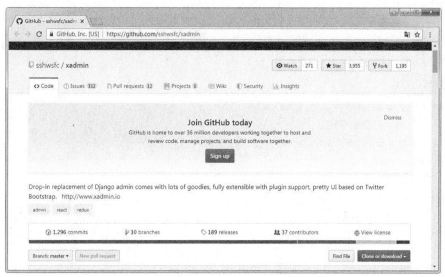

图5.19 Github xadmin

5.3.2 xadmin 使用

xadmin 使用步骤如下。

- 安装 xadmin。
- 注册到 INSTALL_APPS 下。
- 配置 xadmin 路由。
- 生成数据表。
- 注册模型到 xadmin 后台。
- 使用 xadmin 更多配置项。

使用 xadmin 之前需要先使用 pip install 命令安装如下依赖。

```
django-crispy-forms>=1.6.0
django-import-export>=0.5.1
django-reversion>=2.0.0
django-formtools==1.0
future==0.15.2
httplib2==0.9.2
```

此处采用下载 xadmin 源码的方法将其添加到项目进行使用,在示例 5-2 的基础上继续进行开发,命名为示例 5-3,添加 xadmin 后的目录结构,如图 5.20 所示。

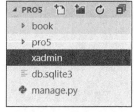

图5.20 当前目录结构

可以将 xadmin 看作和 book 同样的应用，xadmin 是第三方库，book 是本地由自己所创建的应用。使用 xadmin 前需要先将 xadmin 以及 crispy_forms 配置到 settings.py 文件中的 INSTALL_APPS 下，代码如下。

示例 5-3

```
INSTALLED_APPS=[
    'django.contrib.admin',
    'django.contrib.auth',
    'django.contrib.contenttypes',
    'django.contrib.sessions',
    'django.contrib.messages',
    'django.contrib.staticfiles',
    'book',
    'xadmin',
    'crispy_forms'
]
```

然后在项目的 urls.py 文件中，配置 xadmin 路由，urls.py 代码如下。

```
from django.contrib import admin
from django.urls import path
import xadmin
urlpatterns=[
    path('admin/', admin.site.urls),
    path('xadmin/', xadmin.site.urls),
]
```

使用 python manage.py runserver 命令启动项目，在浏览器中访问：http://localhost:8000/xadmin/ 即可进入 xadmin 后台，界面如图 5.21 所示。

图5.21　xadmin登录界面

xadmin 后台启动成功后，输入创建的管理员账号，若仍不能登录，则用户要查看异常信息，如图 5.22 所示。

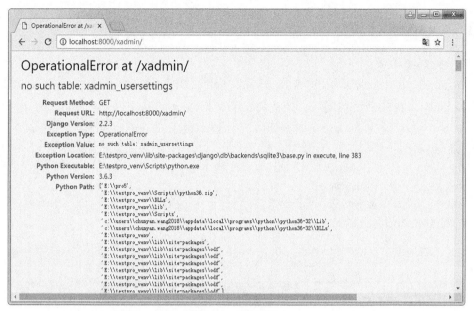

图5.22　错误信息

通过图 5.22 可以看到，进入 xadmin 后台还需要生成数据表，xadmin 与 admin 相同，都有一组自己的数据表，可以使用 python manage.py migrate 命令生成 xadmin 所需的数据表。执行完成后，重新在浏览器中访问，即可登录主界面，效果如图 5.23 所示。

图5.23　登录后主界面

通过图 5.23 的效果可以看到，xadmin 后台更为美观，除此之外，xadmin 后台内置的功能也较 admin 更为强大，下面将介绍 xadmin 配置。

5.3.3 xadmin 配置

1. 模型类注册

xadmin 后台启动成功后,并不会在 book 应用下显示 BookClass 与 BookInfo 的管理,这和 admin 后台的使用相同,需要先将二者注册到 xadmin 中。在 book 应用下创建 adminx.py 用来存放关于 xadmin 的配置。注册模型类到 xadmin 后台中,代码如下。

```
import xadmin
from .models import BookInfo,BookClass
xadmin.site.register(BookClass)
xadmin.site.register(BookInfo)
```

访问 http://localhost:8000/xadmin,如图 5.24 所示。

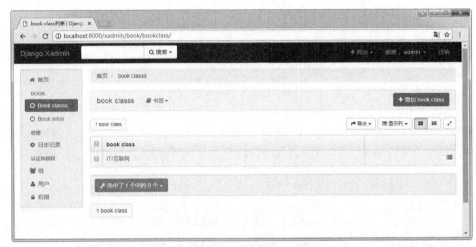

图5.24 模型类注册后主界面

此时就可以针对注册进来的模型类进行插入、删除、修改、查询操作了,操作界面与 admin 后台相同,此处不再赘述,读者可以自行操作体验。

2. 列表展示设置

列表字段的展示设置同 admin 后台系统,不再赘述,在 adminx.py 中修改注册模型类,代码如下。

```
import xadmin
from .models import BookInfo,BookClass
class BookInfoAdmin(object):
    list_display=["name","price","author"]  #设置数据表在后台显示的字段
    search_fields=["name"]   #设置在后台可以搜索的字段
    list_filter=["name","author"]   #设置在后台可以通过条件筛选查看的字段
    list_editable=["name","author"]   #设置后台可以直接在列表上编辑的字段
class BookClassAdmin(object):
    list_display=["name",]   #设置数据表在后台显示的字段
xadmin.site.register(BookInfo,BookInfoAdmin)
xadmin.site.register(BookClass,BookClassAdmin)
```

修改后，重新访问后台，效果如图 5.25 所示。

图5.25　自定义展示列

3．xadmin 后台配置

xadmin 基于 Bootstrap 进行开发，因此在 xadmin 后台可以选择 Bootstrap 主题模板，在 adminx.py 中添加如下配置。

```
from xadmin import views
class BaseSetting(object):
    enable_themes=True
    use_bootswatch=True
#…省略部分代码
xadmin.site.register(views.BaseAdminView,BaseSetting)
```

其中，views.BaseAdminView 为所有 AdminView 的基类，继承自 BaseAdminObject 和 Djano.views.generic.View，注册在该 View 上的插件可以影响所有的 AdminView。这时启动 xadmin 后台，在头部会出现一个主题下拉菜单，在其中可以选择任意主题进行切换，效果如图 5.26 所示。

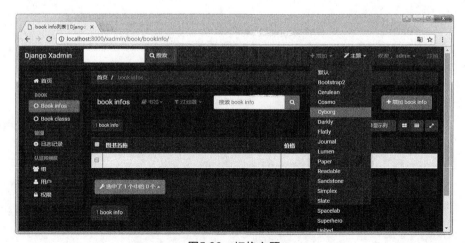

图5.26　切换主题

从图 5.26 中可以看到默认的标题及头部文字都为 Django Xadmin，如须修改成公司名称，则可以在 adminx.py 中添加如下配置。

```
class GlobalSettings(object):
    site_title="x 后台管理系统"
    site_footer="x 后台管理系统 x"
#…省略部分代码
xadmin.site.register(views.CommAdminView,GlobalSettings)
```

其中，CommAdminView 继承自 BaseAdminView，此类是用户登录后显示用到的 View，也是登录后所有 View 的基类。该类的主要作用是创建 xadmin 的通用元素，如系统菜单、用户信息等全局设置。运行效果如图 5.27 所示。

图5.27　修改标题

本章作业

编码题

创建学生管理项目，引入 xadmin 作为管理后台，页面效果如图 5.28 和图 5.29 所示。需求如下。

（1）创建学生信息类，其中包含学生姓名、性别、年龄、入学时间、家庭住址、所属班级等关键信息。

（2）创建学生所属的班级信息类，其中包含班级名称。

（3）引入 xadmin。

（4）设置在后台可以根据学生姓名搜索。

（5）设置学生列表显示字段为姓名、年龄、班级。

（6）进行页头页脚配置，页头显示：学生管理系统；页脚显示：学生管理系统 v1.0。

图5.28 学生列表

图5.29 班级列表

作业答案

第 6 章

高级应用

本章任务

任务 6.1　使用 Auth 认证系统
任务 6.2　缓存与状态管理在项目中的应用
任务 6.3　使用模型类进行高阶查询
任务 6.4　使用第三方应用快速开发

技能目标

❖ 理解 Auth 认证系统的作用；
❖ 掌握缓存与状态管理的配置及使用；
❖ 掌握模型类高级查询的使用方法；
❖ 理解第三方应用的使用步骤。

本章知识梳理

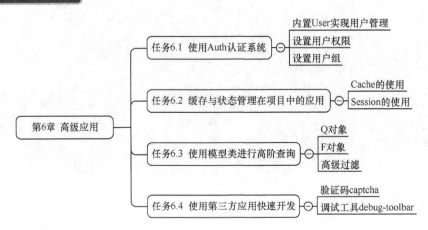

本章简介

在实际开发中，Django 可提供许多非常实用且高效的解决方案，如 Auth 认证系统、缓存、Session、模型类高级查询以及第三方应用。本章将围绕这些内容一一进行讲解。通过本章的学习，读者将熟练掌握 Django 中的高级应用部分，并能够将其灵活地运用到项目开发中。

预习作业

1. 预习并回答以下问题

请阅读本章内容，并在作业本上完成以下简答题。
（1）简述项目中加入验证码功能的正确操作步骤。
（2）简述 Cache 的使用步骤。

2. 预习并完成以下编码题

编写并完成本章的所有示例代码。

任务 6.1 使用 Auth 认证系统

Django 除了具有功能强大的 admin 后台管理系统之外，还提供了完善的用户管理系统。管理人员可以直接在 admin 后台管理系统中进行用户（Users）的创建、权限的分配以及用户组（Groups）管理等操作，如图 6.1 所示。实际上使用 python manage.py createsuperuser 命令所创建的用户就存放在 admin 自带的用户管理中。整个用户管理系统可分为 3 部分：用户信息、用户权限、用户组。接下来介绍它们的具体使用。

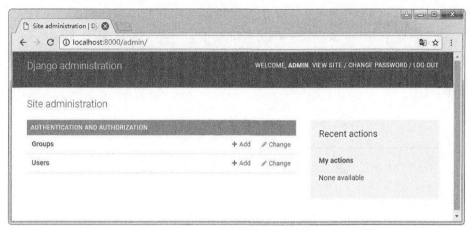

图6.1　admin管理后台主界面

6.1.1　内置 User 实现用户管理

实现用户管理较为简单的方式是直接在 admin 管理后台进行操作，如图 6.2 所示。

图6.2　用户管理

在图 6.2 中可以通过 ADD USER+进行用户创建，点击创建的用户名称可以进入编辑界面，在编辑界面中除可以编辑用户基本信息外，还可以在 User permissions 下设置用户权限，如图 6.3 所示。

在 Django 强大的用户管理系统中，开发人员除了可以在后台直接进行界面化的操作外，还可以通过 Django 提供的强大模块在视图中进行个性化的编写。内置的用户管理系统，在数据库中对应的数据表分别为 auth_user、auth_permission、auth_group。该内置系统还具有灵活的扩展性，可以满足日常开发需求，在通过 django-admin 创建项目时，用户管理模块 Auth 就已经默认被启动，但是使用前需要手动执行数据表生成操作。Auth 模块常用方法如表 6-1 所示。

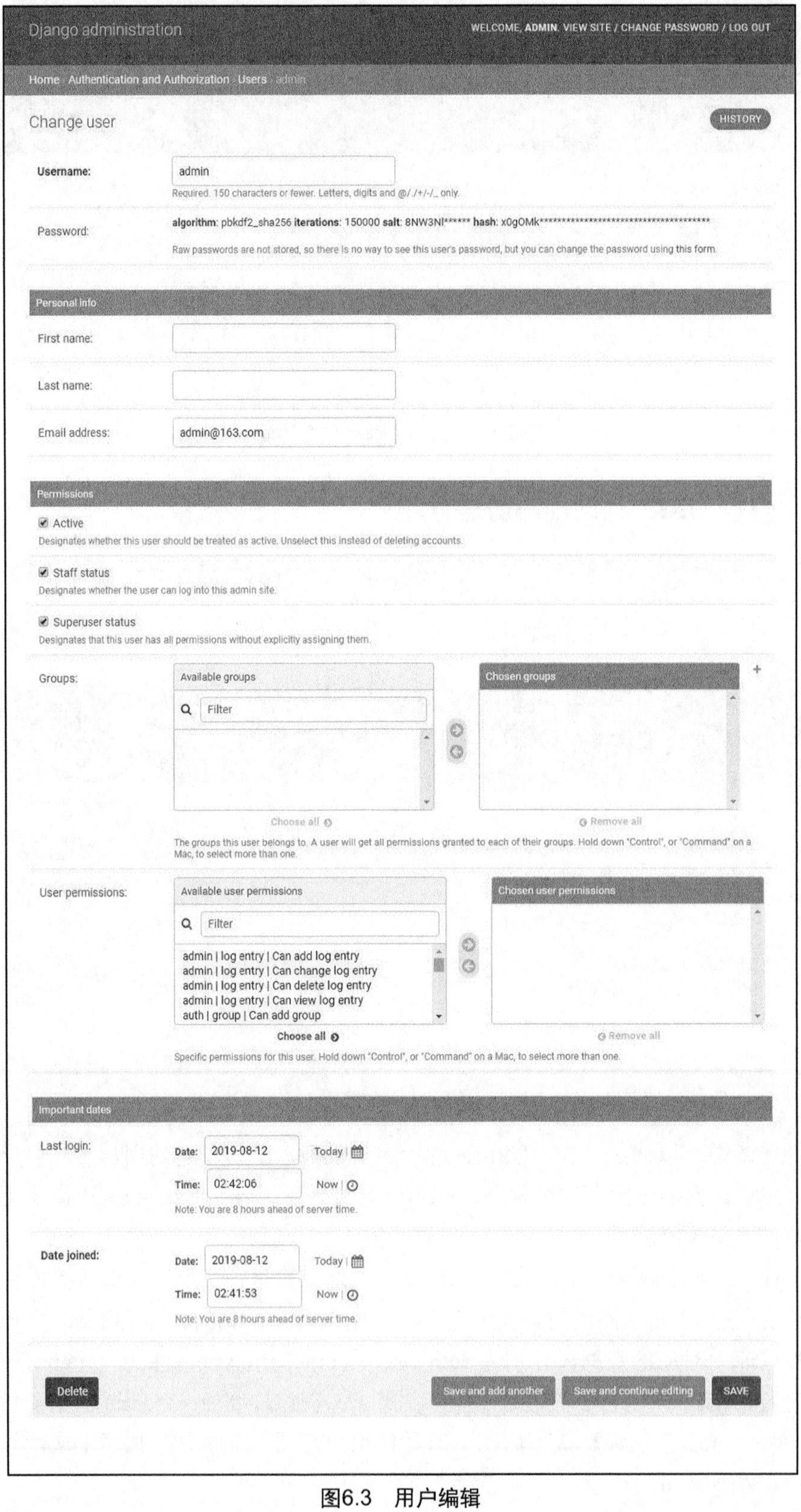
Django administration
WELCOME, ADMIN. VIEW SITE / CHANGE PASSWORD / LOG OUT
Home › Authentication and Authorization › Users › admin
Change user
HISTORY
Username:
admin
Required. 150 characters or fewer. Letters, digits and @/./+/-/_ only.
Password:
algorithm: pbkdf2_sha256 iterations: 150000 salt: 8NW3Nl****** hash: x0gOMk**************************************
Raw passwords are not stored, so there is no way to see this user's password, but you can change the password using this form.
Personal info
First name:
Last name:
Email address:
admin@163.com
Permissions
Active
Designates whether this user should be treated as active. Unselect this instead of deleting accounts.
Staff status
Designates whether the user can log into this admin site.
Superuser status
Designates that this user has all permissions without explicitly assigning them.
Groups:
Available groups
Filter
Chosen groups
Choose all
Remove all
The groups this user belongs to. A user will get all permissions granted to each of their groups. Hold down "Control", or "Command" on a Mac, to select more than one.
User permissions:
Available user permissions
Filter
admin | log entry | Can add log entry
admin | log entry | Can change log entry
admin | log entry | Can delete log entry
admin | log entry | Can view log entry
auth | group | Can add group
Chosen user permissions
Choose all
Remove all
Specific permissions for this user. Hold down "Control", or "Command" on a Mac, to select more than one.
Important dates
Last login:
Date: 2019-08-12 Today
Time: 02:42:06 Now
Note: You are 8 hours ahead of server time.
Date joined:
Date: 2019-08-12 Today
Time: 02:41:53 Now
Note: You are 8 hours ahead of server time.
Delete
Save and add another
Save and continue editing
SAVE

图6.3　用户编辑

表 6-1　Auth 模块常用方法

名称	说明
authenticate(request=None, **credentials)	提供用户认证功能，即验证用户名、密码是否正确，一般需要 username、password 两个关键字参数
login(HttpRequest, user)	该函数实现用户登录功能，会在后端为该用户生成相关 Session 数据
logout(request)	当调用该函数时，当前请求的 Session 信息会全部被清除，该用户即使没有登录，使用该函数也不会报错
is_authenticated()	判断用户是否登录，若登录则返回 True，否则返回 False
create_user()	Auth 提供的创建新用户的方法，需要提供必要参数，如 username、password 等
create_superuser()	Auth 提供的创建新超级用户的方法，需要提供必要参数，如 username、password 等
set_password(password)	Auth 提供的一个修改密码的方法，接收要设置的新密码作为参数

下面通过示例 6-1 来介绍如何使用 Django 内置的用户管理系统实现用户的登录和注册功能。

示例 6-1

首先初始化 Django 项目、创建 user 应用、定义登录、注册所需模板页面，并完成相关初始化配置，然后配置用户登录、注册、主页面路由规则，代码如下。

```
from django.contrib import admin
from django.urls import path
from user.views import loginView,regView
urlpatterns=[
    path('admin/', admin.site.urls),
    path('login/', loginView), #登录
    path('reg/', regView), #注册
]
```

1．用户登录

用户登录功能对应模板 templates 下的 login.html，代码如下。

```
<!DOCTYPE html>
<html>
<head>
    <meta charset="UTF-8">
    <meta name="viewport" content="width=device-width, initial-scale=1.0">
    <meta http-equiv="X-UA-Compatible" content="ie=edge">
    <title>用户登录</title>
</head>
<body>
    <form method="POST" action="/login/">
        {%csrf_token%}
        用户名：<input type="text" name="username" /><br>
        密　码：<input type="password" name="password" /><br>
        <button type="submit">登录</button>
        {{ msg }}
```

```
            </form>
        </body>
</html>
```

点击"登录"按钮后，用户名和密码被以 POST 的方式提交，并根据 urls.py 中配置的路由规则，映射到 user 应用下 loginView 视图函数，user/views.py 代码如下。

```
from django.shortcuts import render,redirect
from django.contrib.auth.models import User
from django.contrib.auth import login,logout,authenticate
#登录
def loginView(request):
    if request.method=="POST":
        username=request.POST.get("username")
        password=request.POST.get("password")
        if User.objects.filter(username=username):
        #验证用户名以及密码是否正确
            user=authenticate(username=username,password=password)
            if user:
                if user.is_active:
                    #调用 login 传入一个 HttpRequest 对象，以及一个认证了的 User 对象
                    login(request,user)
                    return redirect("/")
            else:
                msg="用户名密码错误"
        else:
            msg="用户名不存在"
    return render(request,"login.html",locals())
```

在 views.py 中，首先在 django.contrib.auth 下引入用户 model 和登录、验证的方法。接收到传递过来的用户名、密码后，首先对用户名进行验证，如果通过 User 管理器无法查询到该用户名，则给出提示信息，并渲染返回 login.html；如果用户名存在，还需要进行后续一系列的验证，如用户名密码是否匹配、用户当前是否已激活等，验证成功后才能完成登录。启动项目，访问 http://localhost:8000/login/进入登录页面，如图 6.4 所示。

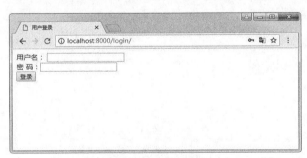

图6.4　用户登录页面

此时数据库 auth_user 表中并无数据，如果在图 6.4 中填写一个账号并点击"登录"按钮，则可看到在"登录"按钮后给出错误提示信息，如图 6.5 所示。

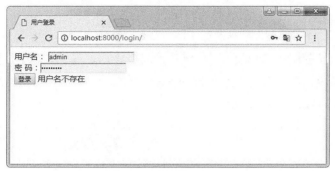

图6.5 用户登录失败

2．用户注册

用户可以登录成功的前提是需要进行注册，完成创建。进行用户注册时须添加邮箱字段，模板内容（templates/reg.html）同登录模板相似，这里不再赘述。这里重点关注用户注册所映射到的视图函数 regView，代码如下。

```
#注册
def regView(request):
    if request.method=="POST":
        username=request.POST.get("username")
        password=request.POST.get("password")
        email=request.POST.get("email")
        if User.objects.filter(username=username):
            msg="用户名已存在"
        else:
            user=User.objects.create_user(username=username,password=password,email=email)
            msg="注册成功"
    return render(request,"register.html",locals())
```

用户注册所对应的视图函数，首先对接收到的信息进行判断，如判断用户名是否已经存在，以保证用户名唯一，然后使用 create_user 方法完成用户创建，最后渲染显示注册页面，并将提示信息一并带回。这时访问 http://localhost:8000/reg/，输入正确的信息，点击"注册"按钮，即可注册成功，效果如图 6.6 所示。

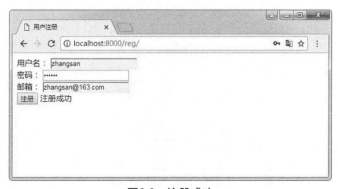

图6.6 注册成功

6.1.2 设置用户权限

Django 中内置权限管理模块，用户权限管理主要是对不同的用户设置不同的功能使用权限。在示例 6-1 的基础上，创建 superuser，进入 admin 后台，编辑用户信息即可进入用户权限管理，效果如图 6.7 所示。

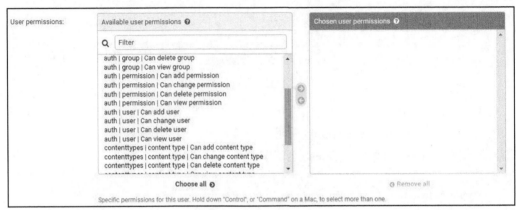

图6.7　用户权限设置

图 6.7 中左侧为整个项目的用户权限，以 auth|User|Can add user 为例，其中 User 代表 auth 下所定义的模型类，Can add user 代表该权限可以对模型 User 执行新增操作。一般情况下，在执行数据迁移时，每个模型类都拥有插入、删除、修改、查询权限。

查看数据库中的 auth_permission 表，可以看到所有权限，每条数据代表项目中模型对应的权限，如图 6.8 所示。

	id	content_type_id	codename	name
1	1	1	add_logentry	Can add log entry
2	2	1	change_logentry	Can change log entry
3	3	1	delete_logentry	Can delete log entry
4	4	1	view_logentry	Can view log entry
5	5	2	add_permission	Can add permission
6	6	2	change_permission	Can change permission
7	7	2	delete_permission	Can delete permission
8	8	2	view_permission	Can view permission
9	9	3	add_group	Can add group
10	10	3	change_group	Can change group
11	11	3	delete_group	Can delete group
12	12	3	view_group	Can view group
13	13	4	add_user	Can add user
14	14	4	change_user	Can change user
15	15	4	delete_user	Can delete user
16	16	4	view_user	Can view user
17	17	5	add_contenttype	Can add content type
18	18	5	change_contenttype	Can change content type
19	19	5	delete_contenttype	Can delete content type
20	20	5	view_contenttype	Can view content type
21	21	6	add_session	Can add session
22	22	6	change_session	Can change session
23	23	6	delete_session	Can delete session
24	24	6	view_session	Can view session

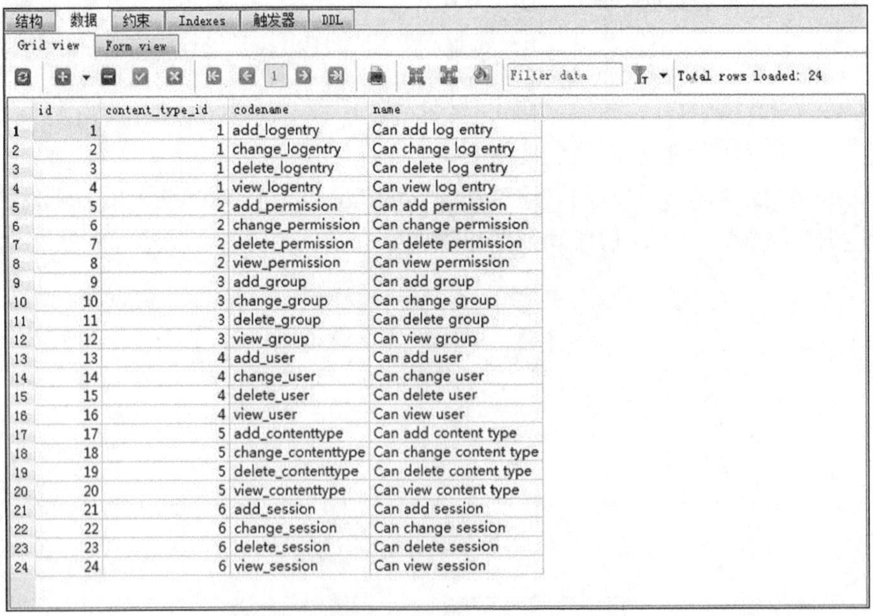

图6.8　数据表auth_permission数据信息

图 6.8 中，数据表的字段 content_type_id 为一个外键（参考表 django_content_type，Django 根据此表来找到某一个具体的模型），codename 表示权限的名字，name 表示对该权限的描述。表 django_content_type 信息如图 6.9 所示。

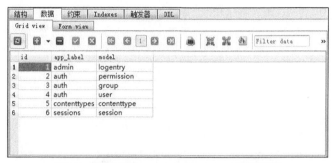

图6.9　数据表django_content_type数据信息

管理用户权限时需要注意，如果用户为超级管理员是无须设置权限的，用户权限设置只适用于非超级管理员。为用户添加权限，代码如下。

```
from django.http import HttpResponse
from django.contrib.auth.models import User,Permission,ContentType
#添加权限
def add_permission(request):
    content_type=ContentType.objects.get_for_model(User)
    permission=Permission.objects.create(codename='add_user',name='添加用户',content_type=content_type)
    return HttpResponse('权限创建成功')
```

6.1.3　设置用户组

设置用户组即对用户进行分组管理，其作用在于实施权限控制时可以批量地对用户权限进行分配，大大节省操作的时间。在 admin 后台可以直接操作分组，通过 ADD GROUP+进行分组添加，在列表中可以进行用户组的编辑、删除、查询等操作。用户组初始没有数据，默认显示为空，效果如图 6.10 所示。

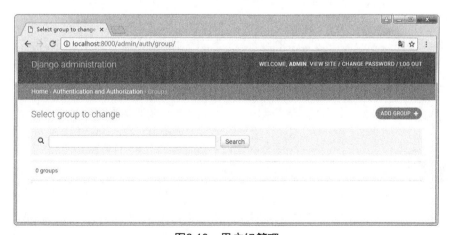

图6.10　用户组管理

用户组所对应的为数据表 auth_group，设置用户组的权限主要对数据表 auth_group 和 auth_permission 构建多对多的数据关系，数据关系保存在 auth_group_permissions 中。

在用户组中添加两条数据，此时数据表 auth_group 效果如图 6.11 所示。

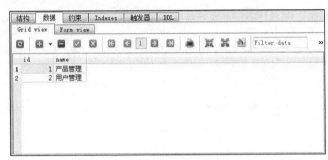

图6.11　数据表auth_group数据

为用户组分配权限，代码如下。

```python
from django.contrib.auth.models import Group,Permission
#分配权限
def set_permission(request):
    #获取权限对象
    permission=Permission.objects.get(codename='add_user')
    #获取要添加权限的用户组
    group=Group.objects.get(id=1)
    #将权限 permission 添加到 group 下
    group.permissions.add(permission)
    return HttpResponse('权限分配成功')
```

执行完成上述代码，观察数据表 auth_group_permissions，会发现其中新增一条刚刚所分配的权限数据，如图 6.12 所示。

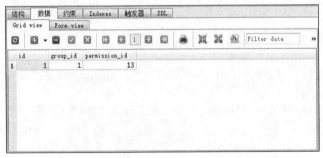

图6.12　数据表auth_group_permissions数据

任务 6.2　缓存与状态管理在项目中的应用

由于 Django 构建的是动态网站，因此每次客户端请求都要严重依赖数据库，当程序访问量大时，耗时必然会更加明显。在项目开发中，缓存与状态管理是开发者需要解决的两大难题。前面的任务主要讲述的是 Django 框架的使用方法，本任务将介绍在实际开发中缓存与状态管理的使用。

6.2.1 Cache 的使用

对于访问量较大的网站，尽可能地减少开销是非常必要的。缓存数据的目的是保存那些需要占用很多计算资源的结果，避免重复消耗计算资源。以首页为例，为了保证首页的打开速度，通常可以将首页上不要求实时更新的数据进行缓存。这样，在获取数据时直接从缓存返回即可；如果缓存中没有，再去数据库中查询、筛选，缓存之后返回给模板。

Django 提供了不同级别的缓存策略，可以缓存特定视图的输出，可以仅缓存那些很难计算出来的部分，也可以缓存整个网站。

综上所述，缓存的目的是优化数据结构，优化对数据的查询、筛选、过滤，减少对磁盘的输入/输出操作。

设置缓存方式有默认缓存（内存）、文件缓存、数据库缓存、redis 缓存等。

下面演示缓存的具体使用。首先创建 Django 项目，再创建 user 应用，缓存方式选择文件缓存，代码如示例 6-2 所示。

示例 6-2

settings.py 代码如下。

```
#保存在文件中
CACHES={
    'default': {
        'BACKEND': 'django.core.cache.backends.filebased.FileBasedCache',
        'LOCATION': 'c:/foo/bar',
        'TIMEOUT':300,
    }
}
```

其中，BACKEND 为指定的引擎，LOCATION 指定缓存文件存放的路径，TIMEOUT 为缓存的默认过期时间，以秒为单位，这个参数默认时间是 300s，即 5min。如果设置 TIMEOUT 为 None，则表示永远不会过期，如果设置为 0，则代表缓存立即失效。

配置 urls.py 路由规则，当访问/index 时则执行 user 应用下的视图函数 index，user/views.py 代码如下。

```
from django.http import HttpResponse
from django.core.cache import cache
def index(request):
    path=request.path
    cache.set("path", path)
    print(cache.get('path'))
    return HttpResponse("ok")
```

上述代码中，首先导入 cache，使用 cache 提供的 set 与 get 方法，完成值的存储与读取，在 settings.py 中 CACHE 配置的目录下可以看到生成的文件，如图 6.13 所示。

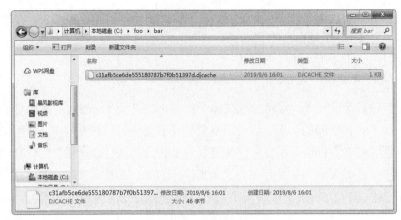

图6.13 缓存文件

除了文件缓存的方式外，还可以设置保存在内存中，这时 settings.py 中 CACHE 配置代码如下。

```
# 保存在内存中
CACHES={
    'default':{
        'BACKEND':'django.core.cache.backends.locmem.LocMemCache',
        'LOCATION': 'unique-snowflake',
        'TIMEOUT':60
    }
}
```

如须缓存到数据库，则 settings.py 中 CACHE 配置代码如下。

```
CACHES={
    'default': {
        'BACKEND': 'django.core.cache.backends.db.DatabaseCache',
        'LOCATION': 'my_cache_table',
    }
}
```

6.2.2 Session 的使用

HTTP 是无状态的，每次请求都是一次新的请求，不会保存以前通信的状态，客户端与服务器端的一次通信就是一次会话。状态保持的目的是在一段时间内跟踪请求者的状态，可以实现跨页面访问当前请求者的数据。

实现状态保持的方式：在客户端或服务器端存储与会话有关的数据，存储方式包括 Cookie、Session。

下面就针对 Session 的使用进行详细的说明。使用 Session 功能需要先启动 Session，通过 django-admin 创建完成的项目已经默认启动 Session，查看项目下 settings.py 配置 INSTALLED_APPS 与 MIDDLEWARE，代码如下。

```
INSTALLED_APPS=[
    'django.contrib.admin',
```

```
        'django.contrib.auth',
        'django.contrib.contenttypes',
        'django.contrib.sessions',
        'django.contrib.messages',
        'django.contrib.staticfiles',
]
MIDDLEWARE=[
        'django.middleware.security.SecurityMiddleware',
        'django.contrib.sessions.middleware.SessionMiddleware',
        'django.middleware.common.CommonMiddleware',
        'django.middleware.csrf.CsrfViewMiddleware',
        'django.contrib.auth.middleware.AuthenticationMiddleware',
        'django.contrib.messages.middleware.MessageMiddleware',
        'django.middleware.clickjacking.XFrameOptionsMiddleware',
]
```

Session 功能启动后，可以使用它下面的方法进行数据的处理。在视图函数中，启用会话后，每个 HttpRequest 对象将具有一个 Session 属性，它是一个类字典对象，常用方法如表 6-2 所示。

表 6-2 Session 常用方法

名称	说明
get()	根据键获取会话的值
clear()	清除所有会话
flush()	删除当前的会话数据，并删除会话的 Cookie
del request.session['uid']	删除会话
set_expiry()	设置会话的超时时间

使用 Session 常用方法可以完成一些常见的功能。如在浏览网站时，第一次登录成功后，想要在网站切换不同的页面仍然保持登录的状态，这时就可以利用 Session 来实现用户登录状态的存储。views.py 中登录代码如下。

```
def loginView(request):
    if request.method=='POST':
        name=request.POST.get('username')
        psd=request.POST.get('password')
        if name=='admin' and psd=='123456':
            request.session['status']=True
            request.session['name']=name
            request.session.set_expiry(300)
#…省略部分代码
```

在用户名和密码匹配成功后，即可将用户名和用户的登录状态存储到 Session 中。在其他页面如须显示用户名，则可通过 request.session.get("name")获取。set_expiry()方法表示设置 Session 的过期时间，单位为秒，上述代码表示 300s 后 Session 将过期。

> **经验**
>
> 如何更好地理解 Session、Cache、Cookie 的作用？
>
> Session 是单用户的会话状态。当用户访问网站时，产生一个 sessionid，并存在于 Cookie 中；每次向服务器请求时，都会先发送此 Cookie，再从服务器中检索是否有此 sessionid 保存的数据。Cookie 与 Session 一样是将个人信息保存在客户端，也就是使用的计算机上，并且不会将其丢掉，除非删除浏览器 Cookie。Cache 则是服务器端的缓存，是所有用户都可以访问和共享的，因为从 Cache 中读数据比较快，所以有些系统（网站）会把一些经常会用到的数据放到 Cache 里，以此来提高访问速度，优化系统性能。

上机练习：实现用户登录退出

需求说明：制作实现图 6.14、图 6.15 所示的效果，要求如下。

➢ 根据图 6.14 所示，创建 login.html 页面制作登录表单，当填写用户名为 admin、密码为 123456 时，则登录成功。

➢ 用户登录成功后，将用户名存储到 Session 中，页面进入 index.html 显示用户名。

➢ 根据图 6.15 所示，在 index.html 点击"退出"后，清空 Session，回到 login.html 页面。

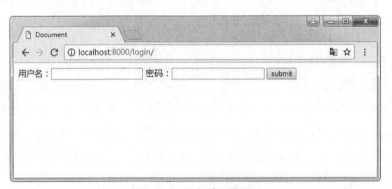

图6.14　用户登录界面

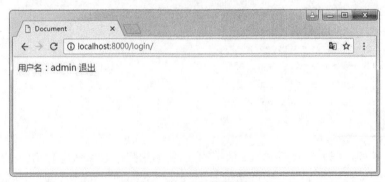

图6.15　用户登录后界面

任务 6.3 使用模型类进行高阶查询

前面介绍了 Django 的数据层如何定义数据模型以及如何使用数据库 API 来创建、检索、更新以及删除记录，本任务将介绍 Django 在这方面的一些更高级的功能。

6.3.1 Q 对象

Django 查询数据库的操作都是在 QuerySet 中进行的，但是当条件越来越多、筛选越来越复杂、各种组合查询糅杂在一起时，filter 就可能无法满足查询要求。而 Q 对象可以使用&（与）、|（或）操作符将这些条件组合起来。

建立 book 应用、初始化 model、建立模型类 BookInfo，并执行数据迁移。代码如示例 6-3 所示。

示例 6-3

book/models.py 代码如下。

```
from django.db import models
class BookInfo(models.Model):
    name=models.CharField(max_length=255)
    author=models.CharField(max_length=255)
    press=models.CharField(max_length=255)
    pub_date=models.DateField(auto_now_add=True)
    update_time=models.DateField(auto_now=True)
```

模型类准备就绪后，在 admin 后台中为 BookInfo 添加一些数据，最终数据表如图 6.16 所示。

图6.16 数据表book_bookinfo数据

Q 对象使用语法如下。

```
from django.db.models import Q
Q(属性名__运算符=值) & Q(属性名__运算符=值)
Q(属性名__运算符=值) | Q(属性名__运算符=值)
~Q(属性名__运算符=值)
```

下面在 views.py 中创建视图函数 getView，对图书数据进行多条件查询，代码如下。

```python
from django.http import HttpResponse
from django.db.models import Q
from .models import BookInfo
def getView(request):
    #查询图书名称="Python 轻松学"，或 author="张三"的信息
    result1=BookInfo.objects.filter(Q(name="Python 轻松学")|Q(author="张三"))
    #查询图书名称="Python 轻松学"，并且 author="张三"的信息
    result2=BookInfo.objects.filter(Q(name="Python 轻松学")&Q(author="张三"))
    #查询图书名称不等于"Python 轻松学"的信息
    result3=BookInfo.objects.filter(~Q(name="Python 轻松学"))
    return HttpResponse(result1)
```

运行结果 result1 返回一条记录，result2 返回[]，result3 返回三条记录。

6.3.2　F 对象

F 对象通常是在不获取的情况下对数据库中的字段值进行操作。F 对象常用的情况有以下几种。

- 使用模型的 A 属性与 B 属性进行比较。
- 算术运算。
- 跨表字段。
- 进行日期的加减运算。

F 对象的使用语法如下。

```python
from django.db.models    import F #导入
F（属性）
```

F 对象能够解决什么问题呢？如果我们要批量将数据库中的图书价格增加 20 元，按照之前的方式，需要先获取到数据，再对其进行更新操作；而使用 F 对象使操作变得更加简单。这两种不同操作的代码如下。

```python
#使用之前的方式进行增加指定图书价格
all=BookInfo.objects.filter(author="A 作者")
for b in all:
    price=b.price
    b.price=price + 20
    b.save
# 使用 F 对象
BookInfo.objects.filter(auth="A 作者").update(price=F("price")+20)
```

6.3.3　高级过滤

在前面章节中,通常采用 Django 模型类管理器的 filter 方法进行条件查询,而在 filter 中还可以继续添加新的条件来过滤,具体如表 6-3 所示。

表 6-3　过滤条件

名称	说明
__gt	大于
__gte	大于等于
__lt	小于
__lte	小于等于
__in	存在于一个 list 范围内
__startswith	以…开头
__istartswith	以…开头，忽略大小写
__endswith	以…结尾
__iendswith	以…结尾，忽略大小写
__range	在…范围内
__year	日期字段的年份
__month	日期字段的月份
__day	日期字段的日
__contains	集合包含
__regex	匹配正则表达式
__contains	包含 like '%aaa%'

下面以示例 6-3 中的 model 为例进行过滤查询，代码如下。

```
from django.http import HttpResponse
from .models import BookInfo
def getView(request):
    #查询图书名称以"P"开头的图书信息
    result1=BookInfo.objects.filter(name__startswith="P")
    print(result1) #返回一条匹配成功记录
    #查询图书名称包含"Django"的图书信息
    result2=BookInfo.objects.filter(name__contains="Django")
    for item in result2:
        print(item.name) #即可输出"Django 入门""轻量级 Django"
    return HttpResponse(result2)
```

任务 6.4　使用第三方应用快速开发

通过 Django 框架的内置功能以及使用方法的学习，相信读者已经可以熟练地运用 Django 进行项目开发。除此之外，Django 还拥有非常丰富的第三方库，本任务将为读者介绍实际开发中常用的第三方库。

6.4.1 验证码 captcha

日常所浏览的网站或者移动端 App 中经常会有各种样式的验证码，如图 6.17 和图 6.18 所示。

图6.17　百度登录字符验证码

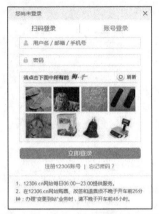

图6.18　12306网站图片验证码

验证码是"全自动区分计算机和人类的图灵测试"（Completely Automated Public Turing test to tell Computers and Humans Apart，CAPTCHA）的简称，是一种区分用户是计算机还是人的公共全自动程序。它可以防止恶意破解密码、刷票、论坛灌水，有效防止黑客对某一个特定注册用户以特定程序暴力破解方式进行不断地登录尝试，实际上使用验证码是现在很多网站通行的方式。CAPTCHA 问题可以由计算机生成并评判，但是必须只有人类才能解答。由于计算机无法解答 CAPTCHA 的问题，以此凭判可以回答出问题的是人类。

目前很多网站都采用验证码的功能，这也是常用的反爬虫策略之一。目前常用的验证码类型包括以下几种。

- 数字/字符验证码：在图片上随机生成数字、英文字母或汉字，一般有 4 位验证码或 6 位验证码。
- 图片验证码：图片验证码是让用户识别图片，如 12306 网站所使用的验证码。
- 行为式验证码：包括拖动式和点触式。拖动式即拖动滑块完成拼图实现验证，点触式即依次点击图上文字完成验证。行为式验证码是目前较为新颖的验证方式，在安全性上也有了新的突破。
- 短信验证码：通过接入短信接口，以短信的形式将验证码发到用户手机上，一般为 6 位数字。
- 语音验证码：只要用户的手机或座机能正常接听电话，就一定能收到语音验证码，验证码可以实现自动语音播报。
- 视频验证码：视频验证码是验证码中的新秀，它将随机数字、字母和中文组合而成的验证码动态嵌入 MP4、flv 等格式的视频中，增大了破解难度。

如果想要在 Django 中实现验证码的功能，可以使用 Python 图片库（Python Imaging Library，PIL）模块生成图片验证码，但这种方式较为复杂，不推荐使用。除此之外还可以通过第三方库 Django Simple Captcha 来实现验证码功能，由于验证码的生成过程已经封装好，开发人员无须关心细节，只需要考虑如何在 Django 中进行配置使用即可。接下来就介绍 Django Simple Captcha 的安装及使用。

1. django-simple-captcha 安装

django-simple-captcha 是 Django 的第三方验证码库，使用它能够快速在项目中实现验证码功能。在使用 django-simple-captcha 前需要先进行安装，安装指令如下。

```
pip install django-simple-captcha
```

安装完成后，可以通过 pip list 对已安装的模块进行检查。

2. django-simple-captcha 使用

django-simple-captcha 的使用步骤如下。

- 在 settings.py 文件中引入 captcha。
- 定义 forms.py，django_simple_captcha 验证码配置。
- views.py 配置。
- url.py 配置。

首先初始化 Django 项目，创建 users 应用，创建模板 template/user.html，具体代码如示例 6-4 所示。

示例 6-4

首先在 settings.py 下进行配置，代码如下。

```
INSTALLED_APPS=[
    'django.contrib.admin',
    'django.contrib.auth',
    'django.contrib.contenttypes',
    'django.contrib.sessions',
    'django.contrib.messages',
    'django.contrib.staticfiles',
    'captcha',
    'users'
]
```

为用户登录创建 form model，在 users 目录下定义 forms.py，配置代码如下。

```python
from django import forms
from captcha.fields import CaptchaField
class UserForm(forms.Form):
    username=forms.CharField(label="用户名")
    password=forms.CharField(label="密码",widget=forms.PasswordInput)
    captcha=CaptchaField()
```

在表单中，创建了两个文本框，分别负责接收用户名和密码，并初始化验证码进行赋值，form model 配置完成后，在 template/user.html 下进行获取，代码如下。

```html
<!DOCTYPE html>
<html>
<head>
```

```
    <meta charset="UTF-8">
    <meta name="viewport" content="width=device-width, initial-scale=1.0">
    <meta http-equiv="X-UA-Compatible" content="ie=edge">
    <title>Document</title>
</head>
<body>
    <p>用户名：{{form.username}}</p>
    <p>密　码：{{form.password}}</p>
    <p>验证码：{{form.captcha}}</p>
</body>
</html>
```

定义视图函数，views.py 代码如下。

```
from django.shortcuts import render
from .forms import UserForm
def loginView(request):
    if request.method=="GET":
        form=UserForm
    #locals()返回一个包含当前作用域里面的所有变量和它们的值的字典
    return render(request,'user.html',locals())
```

定义 urls.py，将视图函数与路由进行关联，代码如下。

```
from django.contrib import admin
from django.urls import path
from django.conf.urls import url,include
from users.views import loginView
urlpatterns=[
    path('admin/', admin.site.urls),
    path('captcha/', include('captcha.urls')),
    # 图片验证码路由
    path('user/', loginView)
]
```

上述步骤完成后，使用 python manage.py runserver 命令启动项目，在浏览器中访问 http://localhost:8000/user/ 即可看到登录界面显示验证码，效果如图 6.19 所示。

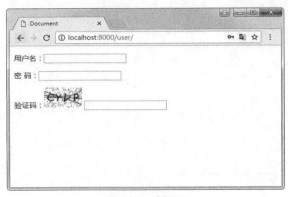

图6.19　验证码

6.4.2 调试工具 debug-toolbar

在日常开发过程中，时间大多被花费在开发新内容，以及已开发完成但是仍需要对存在问题的地方进行调试上。目前很多编辑器中集成了调试的功能，而 django-debug-toolbar 是一个第三方的可视化 Django 调试工具，使用它可以更加方便快捷地查看当前请求或响应的各种调试信息，并在点击时显示有关面板的更多详细信息。如果读者想要了解更多 debug-toolbar 内容，可以访问 debug-toolbar 官网。

1．django-debug-toolbar 安装

安装指令如下。

```
pip install django-debug-toolbar
```

安装完成后，可以使用 pip list 命令对已安装的模块进行检查，如图 6.20 所示。

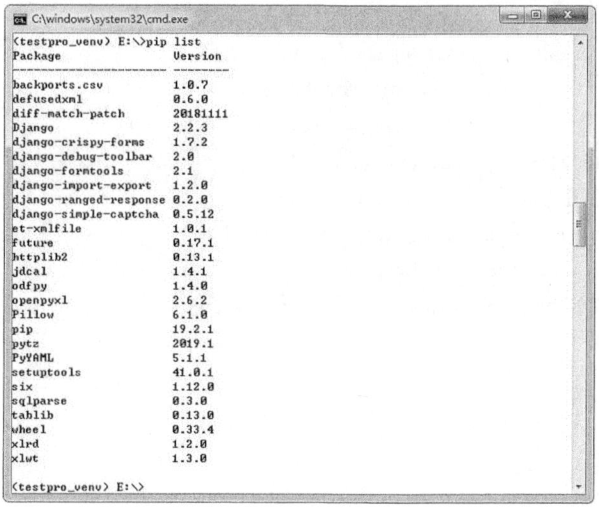

图6.20　pip list

2．django-debug-toolbar 使用

django-debug-toolbar 的使用步骤如下。

- 开启调试模式。
- 在 settings.py 文件中引入 debug_toolbar。
- 加入中间件配置。
- 在 Settings.py 文件中配置 DEBUG 面板。
- url.py 配置。

首先初始化 Django 项目，具体代码如示例 6-5 所示。

示例 6-5

首先在 settings.py 下开启调试模式，配置如下。

```
DEBUG=True
```

如果是本机调试，则还须将 127.0.0.1 加入 INTERNAL_IPS，只有当 IP 地址在 INTERNAL_IPS 设置中列出时，才会显示调试工具栏。在 settings.py 中加入以下配置项，

代码如下。

```
INTERNAL_IPS=['127.0.0.1', ]
```

同时在 INSTALLED_APPS 加入 debug_toolbar，代码如下。

```
INSTALLED_APPS=[
    'django.contrib.admin',
    'django.contrib.auth',
    'django.contrib.contenttypes',
    'django.contrib.sessions',
    'django.contrib.messages',
    'django.contrib.staticfiles',
    'debug_toolbar'
]
```

调试工具主要在中间件中实现。在设置模块中启用它，配置代码如下。

```
MIDDLEWARE=[
    'debug_toolbar.middleware.DebugToolbarMiddleware',
    'django.middleware.security.SecurityMiddleware',
    'django.contrib.sessions.middleware.SessionMiddleware',
    'django.middleware.common.CommonMiddleware',
    'django.middleware.csrf.CsrfViewMiddleware',
    'django.contrib.auth.middleware.AuthenticationMiddleware',
    'django.contrib.messages.middleware.MessageMiddleware',
    'django.middleware.clickjacking.XFrameOptionsMiddleware',
]
```

配置 DEBUG 面板，此设置指定要包含在工具栏中的每个面板的完整 Python 路径。它就像 Django 的 MIDDLEWARE 设置。默认代码如下。

```
DEBUG_TOOLBAR_PANELS=[
    'debug_toolbar.panels.versions.VersionsPanel',
    'debug_toolbar.panels.timer.TimerPanel',
    'debug_toolbar.panels.settings.SettingsPanel',
    'debug_toolbar.panels.headers.HeadersPanel',
    'debug_toolbar.panels.request.RequestPanel',
    'debug_toolbar.panels.sql.SQLPanel',
    'debug_toolbar.panels.staticfiles.StaticFilesPanel',
    'debug_toolbar.panels.templates.TemplatesPanel',
    'debug_toolbar.panels.cache.CachePanel',
    'debug_toolbar.panels.signals.SignalsPanel',
    'debug_toolbar.panels.logging.LoggingPanel',
    'debug_toolbar.panels.redirects.RedirectsPanel',
]
```

在 DEBUG_TOOLBAR_PANELS 配置项中，可以添加第三面板，也可以删除内置面板或改变面板顺序。配置 URLconf，在 urls.py 中加入 DEBUG 配置，代码如下。

```
from django.contrib import admin
from django.urls import path
```

```
from django.conf import settings
from django.conf.urls import include, url
urlpatterns=[
    path('admin/', admin.site.urls),
]
if settings.DEBUG:
    import debug_toolbar
    urlpatterns=[
        url(r'^__debug__/', include(debug_toolbar.urls)),
    ] + urlpatterns
```

配置完成后，启动项目，在浏览器中访问 http://localhost:8000/admin，即可进入管理端登录界面和调试工具，如图 6.21 所示。

图6.21　调试界面

输入账号、密码，点击登录时，可以在右侧调试工具上选择 Request 查看发送请求信息，效果如图 6.22 所示。

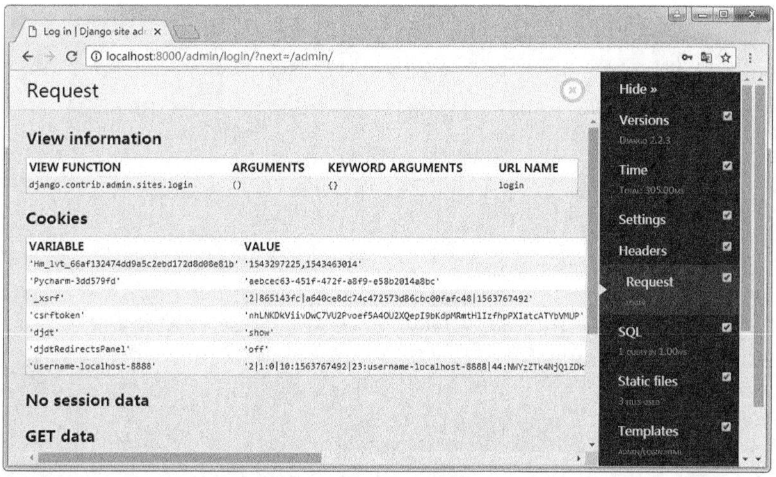

图6.22　调试界面-Request

在调试工具上选择 SQL，即可查看在点击登录按钮时，所触发的 SQL 语句，效果如图 6.23 所示。

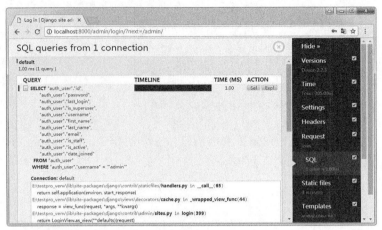

图6.23　调试界面-SQL

因为还没有生成数据库、创建管理员账号，所以无法登录成功，但是读者可以根据上面的功能尝试体验 django-debug-toolbar 更多功能。

 小故事

这里简单介绍 DEBUG 的由来。

DEBUG 是一种计算机程序。为马克 2 号（Harvard Mark II）编制程序的葛丽丝·霍波（Grace Hopper）是一位美国海军准将及计算机科学家，同时也是世界上最早的一批程序设计师之一。有一天，她在调试出现故障的设备时，拆开继电器后，发现有只飞蛾被夹扁在触点中间，从而"卡"住了机器的运行。于是，霍波诙谐地把程序故障统称为"臭虫（BUG）"，把排除程序故障叫作 DEBUG，而这奇怪的"称呼"竟成为后来计算机领域的专业行话。

本章作业

编码题

使用 Django 内置 User 实现用户管理功能，页面效果如图 6.24～图 6.28 所示。

需求如下：

（1）创建 templates/login.html 实现用户登录功能。

（2）创建 templates/register.html 实现用户注册功能。

（3）创建 templates/index.html 作为主页面，实现用户注销与修改密码功能。

（4）在 templates/login.html 中添加找回密码链接，实现发送邮件找回密码功能，通过邮件发送验证码（发送邮件使用 django.core.mail 的 send_mail 实现），并进入找回密码（templates/findpwd.html）页面，成功比对验证码后，对密码进行重置操作。

图6.24　用户管理-注册页面

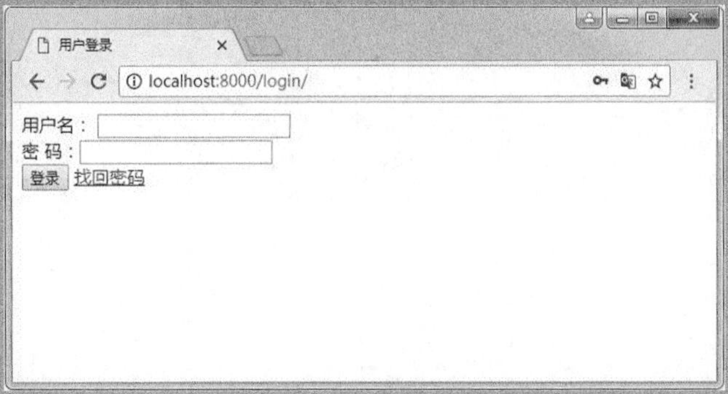

图6.25　用户管理-登录页面

图6.26　用户管理-主页面

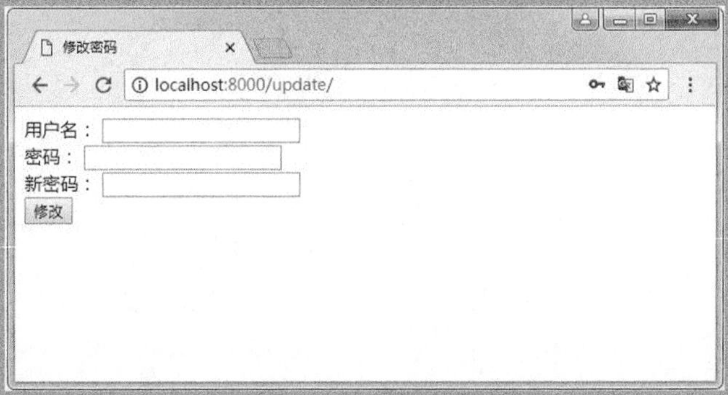

图6.27　用户管理-修改密码页面

图6.28　用户管理-找回密码页面

作业答案

第 7 章

项目实战——制作在线教育平台

本章任务

任务7.1 在线教育平台项目概述
任务7.2 搭建项目
任务7.3 开发功能模块

技能目标

❖ 理解 Django 项目开发流程;
❖ 掌握使用 Django 进行项目开发的方法。

本章知识梳理

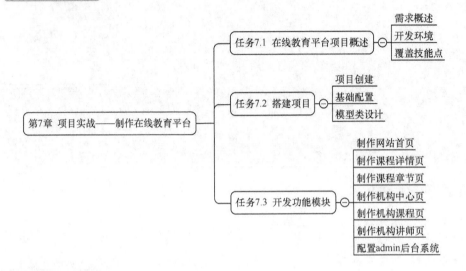

本章简介

本章以在线教育平台为项目案例，综合运用前面各章所学知识，使用 Django 进行项目开发，具体包括灵活运用 xadmin、ueditor 等第三方库。通过本章的学习，读者将熟练掌握 Django 项目开发流程及开发技巧。

预习作业

1. 预习并回答以下问题

请阅读本章内容，并在作业本上完成以下简答题。

（1）Django 项目开发流程有哪几步？分别是什么？

（2）简述 ueditor 接入 Django 项目的步骤。

2. 预习并完成以下编码题

回顾并运用前面各章所学知识，搭建在线教育平台。

任务 7.1　在线教育平台项目概述

7.1.1　需求概述

在优质教育资源有限的情况下，"互联网+教育"通过以网络为介质的教学形式，借助网络课件，让读者可以随时随地进行学习，享受共享的优质课程，而受到学生及市场的欢迎。

在线教育的发展与科技发展水平的提高、教育理念的变革以及用户教育需求的升级和生活方式的转变等息息相关。随着互联网教育规模的不断扩大和商业模式的日渐稳定，用户学习需求的深化、消费意识的觉醒和消费能力的升级，中国在线教育在现阶段已经进入学习领域垂直细分、学习方式丰富多样、资源开放共享、教育内容变现的智能教育时代。

本在线教育平台项目以"腾讯课堂"为原型，完成在线教育平台核心功能，包括首页、课程详情页、课程章节页、机构中心页、机构课程页、机构讲师页，要实现的页面效果如图7.1～图7.6所示。通过开发该项目可以帮助读者理解Django开发流程，同时也能够使其更好地了解在线教育平台项目设计。

图7.1　网站首页

图7.2 课程详情页

图7.3 课程章节页

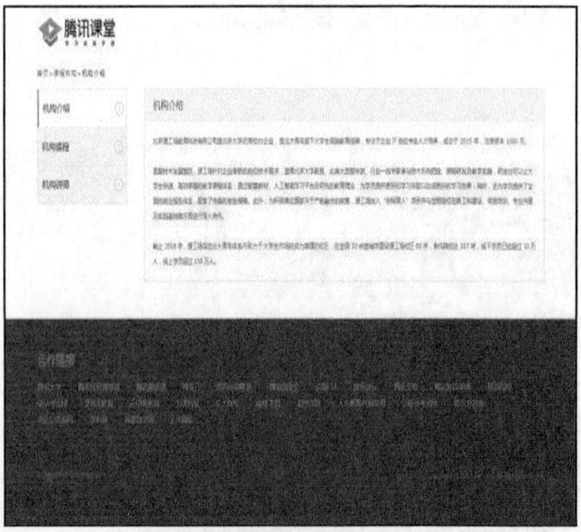

图7.4 机构中心页

图7.5 机构课程页

图7.6　机构讲师页

读者可以通过微信扫描二维码，更好地查看在线教育平台运行效果。

7.1.2　开发环境

开发工具：VSCode、Chrome 浏览器。

7.1.3　覆盖技能点

在线教育平台
效果预览

- 能使用 HTML5+CSS3 布局网页。
- 使用 Django 完成项目搭建。
- 掌握第三方库 xadmin 的使用。
- 掌握第三方库 ueditor 的使用。
- 掌握 jQuery 第三方库制作网页轮播图特效。

任务7.2　搭建项目

7.2.1　项目创建

清楚在线教育平台的需求之后就可以开始项目的创建。

首先初始化项目命名为 kepro。命令如下。

```
django-admin startproject kepro
```

在 Django 项目开发中,为了便于模块的拆分和后期维护,通常会根据业务需求进行 App 应用的划分。在线教育平台最为核心的内容即课程与机构,现在可以将在线教育平台划分为以下 3 部分。

- banner 应用。
- courses 应用。
- organization 应用。

创建 App 应用命名如下:

```
python manage.py startapp banner
python manage.py startapp courses
python manage.py startapp organization
```

其中,banner 应用负责广告图的管理,courses 应用负责课程相关内容,如课程信息、课程章节、课程类别等,organization 应用则负责机构、讲师等。上述命令中所创建的应用均为本地应用,除此之外,该项目中还使用到了 xadmin 和 ueditor 第三方库,可以通过源码安装的方式,将 xadmin 与 ueditor 添加到 kepro 项目下。此时最新的目录结构如图 7.7 所示。

图7.7 最新目录结构

图 7.7 中除了应用目录外,还有一些其他文件对应的含义,具体介绍如下。

- static 为静态资源存放的目录,如存放页面中所用到的图片、CSS 文件、JS 文件等。
- templates 为模板文件存放的目录,在 Django 中通常都是采用 Django 提供的模板引擎负责数据的展示,而静态的模板文件通常放在该目录下。
- db.sqlite3 为数据库文件,Django 中默认使用 SQLite 数据库。

7.2.2 基础配置

项目创建完成后,接下来进行项目配置,包含 settings.py 与 urls.py 配置。

1. INSTALLED_APPS 配置

将创建好的应用与安装的第三方应用,统一添加到 INSTALLED_APPS 中,代码如下。

```
INSTALLED_APPS=[
    'django.contrib.admin',
    'django.contrib.auth',
    'django.contrib.contenttypes',
    'django.contrib.sessions',
    'django.contrib.messages',
    'django.contrib.staticfiles',
    'banner',
    'courses',
    'organization',
    'xadmin',
    'crispy_forms',
    'DjangoUeditor',
]
```

2. 模板配置

存放模板的目录 templates 需要在 settings.py 中进行指定,配置代码如下。

```
TEMPLATES=[
    {
        'BACKEND': 'django.template.backends.django.DjangoTemplates',
        'DIRS': [os.path.join(BASE_DIR, 'templates')],
        'APP_DIRS': True,
        'OPTIONS': {
            'context_processors': [
                'django.template.context_processors.debug',
                'django.template.context_processors.request',
                'django.contrib.auth.context_processors.auth',
                'django.contrib.messages.context_processors.messages',
            ],
        },
    },
]
```

3. 静态文件配置

项目中所用到的静态文件,如图片、CSS 文件、JS 文件等,统一被存放在 static 目录下,配置代码如下。

```
STATIC_URL='/static/'
STATICFILES_DIRS=(
```

```
        os.path.join(BASE_DIR, "static"),
)
```

4. 数据库配置

Django 项目中默认使用的是 SQLite 数据库，如须配置其他数据库，则可以在配置项 DATABASES 中进行配置。

5. 路由配置

关于路由的配置往往集中在项目目录下的 urls.py 中。在实际开发中，如果有许多应用，那么路由的规则也会不断增多，为了便于管理，通常会在每个应用下单独创建一个 urls.py 文件，用来存储当前应用下的路由规则。最后将每个应用下的 urls.py 文件统一引用到项目目录下的 urls.py 中。

首先，在 courses 应用下创建 urls.py，配置代码如下。

```python
from django.urls import re_path
from .views import CourseDetailView,CourseInfoView
app_name='courses'
urlpatterns=[
    #课程详情页
    re_path(r'^detail/(?P<course_id>\d+)/$',CourseDetailView.as_view(), name="course_detail"),
    #课程章节
    re_path(r'^info/(?P<course_id>\d+)/$',CourseInfoView.as_view(), name="course_info"),
]
```

然后，在 organization 应用下创建 urls.py，配置如下规则。

```python
from django.urls import re_path
from .views import OrgCourseView, OrgDescView, OrgTeacherView
app_name='org'
urlpatterns=[
    #课程机构列表页
    re_path(r'^course/(?P<org_id>\d+)/$',OrgCourseView.as_view(), name="org_course"),
    re_path(r'^desc/(?P<org_id>\d+)/$',OrgDescView.as_view(), name="org_desc"),
    re_path(r'^org_teacher/(?P<org_id>\d+)/$', OrgTeacherView.as_view(), name="org_teacher"),
]
```

最后，统一将各个应用下的路由规则引入项目主路由下，kepro/urls.py 配置如下。

```python
from django.contrib import admin
from django.urls import path,re_path,include
import xadmin
from courses.views import IndexView
from organization.views import OrgCourseView,OrgDescView,OrgTeacherView
urlpatterns=[
    path('xadmin/', xadmin.site.urls),
    re_path('^$', IndexView.as_view(), name="index"),
    re_path('^courses/',include('courses.urls',namespace='courses')),
    re_path('^org/',include(('organization.urls','organization'), namespace="org")),
]
```

如果在实际开发中每个 App 里 URL 不多，则可以直接把所有路由规则都写在 project 的 urls.py 中。具体地，可以根据实际情况进行选择。

7.2.3 模型类设计

从项目的需求得知，课程和机构信息是整个网站最为核心的数据。因此，设计模型类时，应该以课程和机构作为核心数据逐步向外扩展相关联的数据信息。下面根据应用划分进行模型类的分析设计。

1. courses 应用下模型类设计

将课程信息的模型类命名为 Course，并添加到 courses 应用下 models.py 中。课程信息 Course 的数据结构如表 7-1 所示。

表 7-1　课程信息 Course 类字段及说明

字段名	字段类型	字段说明
courseclass	models.ForeignKey	外键，课程分类表
course_org	models.ForeignKey	外键，课程机构表
name	models.CharField	课程名
desc	models.CharField	课程描述
detail	UEditorField	课程详情
teacher	models.ForeignKey	外键，讲师表
degree	models.CharField	难度
learn_times	models.IntegerField	学习时长（分钟数）
students	models.IntegerField	学习人数
fav_nums	models.IntegerField	收藏人数
image	models.ImageField	封面图
click_nums	models.IntegerField	点击数
Tag	models.CharField	课程标签
youneed_know	models.CharField	课程须知
teacher_tell	models.CharField	告诉你能学到什么
add_time	models.DateTimeField	添加时间

从表 7-1 中可以得知，课程信息中有 3 个外键，分别是课程分类表、机构表、讲师表，其中机构和讲师的模型类定义在 organization 应用下。先定义 courses 应用下的课程分类，命名为 CourseClass，其数据结构如表 7-2 所示。

表 7-2　课程分类 CourseClass 类字段及说明

字段名	字段类型	字段说明
name	models.CharField	课程分类名称

在课程应用下，一个课程除与课程分类有关联之外，还与课程的章节以及章节下的视频相关。首先定义课程章节类，命名为 Lesson，其数据结构如表 7-3 所示。

表 7-3 课程章节 Lesson 类字段及说明

字段名	字段类型	字段说明
course	models.ForeignKey	外键，课程表
name	models.CharField	章节名
learn_times	models.IntegerField	学习时长（分钟数）
add_time	models.DateTimeField	添加时间

从表 7-3 得知，课程与课程章节为一对多关系，即一条课程信息可以有多条章节信息。课程章节还与章节下的视频有关联，定义章节视频类，命名为 Video，其数据结构如表 7-4 所示。

表 7-4 章节视频 Video 类字段及说明

字段名	字段类型	字段说明
lesson	models.ForeignKey	外键，课程章节表
name	models.CharField	视频名
learn_times	models.IntegerField	学习时长（分钟数）
url	models.CharField	访问地址
add_time	models.DateTimeField	添加时间

2. organization 应用下模型类设计

机构应用下的模型类设计包含机构类与讲师类。首先定义 CourseOrg 作为机构类，其数据结构如表 7-5 所示。

表 7-5 机构 CourseOrg 类字段及说明

字段名	字段类型	字段说明
name	models.CharField	机构名称
desc	UEditorField	机构描述
tag	models.CharField	机构标签
category	models.CharField	机构类别
click_nums	models.IntegerField	点击数
fav_nums	models.IntegerField	收藏数
image	models.ImageField	logo
address	models.CharField	机构地址
students	models.IntegerField	学习人数
course_nums	models.IntegerField	课程数
add_time	models.DateTimeField	添加时间

然后定义 Teacher 作为讲师类，其数据结构如表 7-6 所示。

表 7-6 讲师 Teacher 类字段及说明

字段名	字段类型	字段说明
org	models.ForeignKey	外键，机构表
name	models.CharField	教师名
work_years	models.IntegerField	工作年限
work_company	models.CharField	就职公司
work_position	models.CharField	公司职位
points	models.CharField	教学特点
click_nums	models.IntegerField	点击数
fav_nums	models.IntegerField	收藏数
age	models.IntegerField	年龄
image	models.ImageField	头像
add_time	models.DateTimeField	添加时间

3. banner 应用下模型类设计

项目中用到轮播图的地方只有首页，轮播图信息也较为简单，但是为了便于项目目录结构的划分和后期升级维护，仍然将轮播图模型类放到 banner 应用下，命名为 BannerImg，其数据结构如表 7-7 所示。

表 7-7 轮播图 BannerImg 类字段及说明

字段名	字段类型	字段说明
title	models.CharField	标题
image	models.ImageField	图片

所有模型类定义完成后，需要使用 python manage.py makemigrations 命令生成迁移，并且使用 pyhton manage.py migrate 命令执行迁移文件。

任务 7.3 开发功能模块

7.3.1 制作网站首页

需求说明

网站首页一共分为两大模块，即轮播图模块与课程模块。首页效果如图 7.1 所示。

技术分析

- 轮播图模块中所用到的数据通过 banner 应用下 BannerImg 中获取。轮播图动态效果使用 jQuery 第三方库 unslider.js 实现。
- 课程模块数据根据课程分类分为 3 组，每组取 10 条课程数据进行动态绑定。
- views.py 视图中采用类视图的方式进行定义。

- 在模板显示中，需要注意涉及显示外键表中的字段，可以采用外键名.表名.字段名的形式，例如，在模板中需要显示课程所属机构的机构名称，即{{course.course_org.name}}。

关键代码

轮播图模块 JS 部分的关键代码如下。

```javascript
var unslider=$('.imgslide').unslider({
    speed: 500,
    delay: 5000,
    complete: function() {},
    keys: true,
    dots: true,
    fluid: false
})
```

courses 应用下 views.py 类视图中关键代码如下。

```python
class IndexView(View):
    #首页
    def get(self, request):
        #取出轮播图
        all_banners=BannerImg.objects.all()
        #[:10]表示只取前10条
        itcourses=Course.objects.filter(courseclass=1)[:10]
        xqcourses=Course.objects.filter(courseclass=2)[:10]
        yycourses=Course.objects.filter(courseclass=3)[:10]
        return render(request, 'index.html', {
            "all_banners":all_banners,
            "itcourses":itcourses ,
            "xqcourses":xqcourses ,
            "yycourses":yycourses ,
        })
```

7.3.2 制作课程详情页

在首页中可以看到课程信息，点击某个课程可以进入对应的课程详情页，如图 7.2 所示。在课程详情页中包含课程基本信息：课程名称、难度、时长、章节数、类别、封面图、详情课程；授课机构信息：机构 logo、机构名称、所在地区；相关课程信息：课程封面图、名称、学习时长。除负责内容显示外，进入课程详情页表示课程的点击数量+1，进入同时更新课程点击数量。

技术分析

- 课程详情页的数据是根据所点击的课程 ID 进行查询获取的，在路由配置时注意传递参数问题。
- 课程详情页中需要显示该课程下的所有章节数，对此可以在 model 中定义方法进行调用。

> 课程详情字段在后台编辑中是采用富文本编辑器的形式,所以有可能会包含大量的 HTML 标签,为保证课程详情的正常显示,需要用到{% autoescape off %}关闭自动转义。
> 相关课程推荐是筛选课程标签相同的课程进行展示,并且只取一条数据,在筛选条件中还需要注意排除当前课程。
> 更新课程点击数量前首先获取到当前课程的点击数量,进行+1 即可。

关键代码

在 courses 应用下 urls.py 中进行路由配置的核心代码如下。

```python
urlpatterns=[
    #课程详情页
    re_path(r'^detail/(?P<course_id>\d+)/$', CourseDetailView.as_view(), name="course_detail"),
]
```

在 courses 应用下 models.py 中添加获取章节数的方法,在模板中可以调用该方法的核心代码如下。

```python
class Course(models.Model):
    #…省略部分代码
    class Meta:
        verbose_name=u"课程"
        verbose_name_plural=verbose_name
    def get_zj_nums(self):
        #获取课程章节数
        return self.lesson_set.all().count()
```

在 courses 应用下 views.py 中根据传递参数 ID 读取课程信息和相关课程推荐的代码如下。

```python
class CourseDetailView(View):
    """
    课程详情页
    """
    def get(self, request, course_id):
        course=Course.objects.get(id=int(course_id))
        #增加课程点击数
        course.click_nums += 1
        course.save()
        tag=course.tag
        if tag:
            relate_coures=Course.objects.filter(~Q(id=course_id)&Q(tag=tag))[:1]
        else:
            relate_coures=[]
        print(relate_coures)
        return render(request, "course-detail.html", {
            "course":course,    #当前点击课程信息
            "relate_coures":relate_coures,  #相关课程推荐
        })
```

7.3.3 制作课程章节页

在课程详情页,点击"开始学习"即可进入课程章节页,如图 7.3 所示。课程章节页中包含课程基本信息显示、课程章节以及每个章节下对应的视频、课程的讲师信息展示。在课程章节页,点击每个具体的视频即可进入视频中进行学习,关于视频是直接存放的 URL 地址,如须正常播放视频,则可以先将视频上传到视频网站,这里不再赘述。

技术分析

- 根据传递参数的课程 ID 查询课程章节以及每个章节所关联的视频数据。
- 讲师信息绑定需要通过外键的方式进行获取,类视图中不再单独返回讲师信息。
- 进入课程章节页,更新当前课程的学习人数,进行+1 操作。

关键代码

在 courses 应用下 urls.py 中进行路由配置的核心代码如下。

```python
urlpatterns=[
    #课程章节
    re_path(r'^info/(?P<course_id>\d+)/$', CourseInfoView.as_view(), name="course_info"),
]
```

在 courses 应用下 views.py 中查询数据并且更新学习人数的代码如下。

```python
class CourseInfoView(View):
    """
    课程章节信息
    """
    def get(self, request, course_id):
        course=Course.objects.get(id=int(course_id))
        course.students += 1
        course.save()
        return render(request, "course-video.html", {
            "course":course
        })
```

课程章节页模板中关于章节和视频的数据绑定的核心代码如下。

```html
<div class="mod-chapters">
    {% for lesson in course.get_course_lesson %}
    <div class="chapter chapter-active">
        <h3>
            <strong><i class="state-expand"></i>{{lesson.name}}</strong>
        </h3>
        <ul class="video">
            {% for video in lesson.get_lesson_video %}
            <li>
                <a target="_blank" href='{{video.url}}' class="J-media-item studyvideo">{{video.name}}〉({{ video.learn_times }}分钟)
                    <i class="study-state"></i></a>
            </li>
```

```
            {% endfor %}
        </ul>
    </div>
{% endfor %}
</div>
```

课程章节页模板中关于讲师信息的数据绑定的核心代码如下。

```html
<h4>讲师提示</h4>
<div class="teacher-info">
    <a href="#"><img src='/{{ course.teacher.image}}' width='80' height='80' /></a>
    <span class="tit"> <a href="#">{{ course.teacher.name}}</a> </span>
    <span class="job">{{course.teacher.work_position }}</span>
</div>
```

7.3.4 制作机构中心页

在课程详情页中点击机构的 logo，可以进入机构中心页，默认进入的是机构介绍的主页面，该页面主要负责显示机构介绍内容，如图 7.4 所示。

技术分析

➢ 根据传递参数的机构 ID 查询机构信息，进行相关的数据绑定。

➢ 机构介绍的字段在后台编辑中是采用富文本编辑器的形式，所以有可能会包含大量的 HTML 标签，为了保证内容的正常显示，需要用到{% autoescape off %}关闭自动转义。

关键代码

在 organization 应用下 urls.py 中进行路由配置的核心代码如下。

```python
urlpatterns=[
    re_path(r'^desc/(?P<org_id>\d+)/$',OrgDescView.as_view(), name="org_desc"),
]
```

在 organization 应用下 views.py 中根据机构 ID 查询机构信息的代码如下。

```python
class OrgDescView(View):
    """
    机构介绍页
    """
    def get(self, request, org_id):
        course_org=CourseOrg.objects.get(id=int(org_id))
        return render(request, 'org-detail-desc.html', {
            'course_org':course_org,
        })
```

在模板中显示机构介绍信息，数据绑定的核心代码如下。

```html
<div class="head"><h1>机构介绍</h1></div>
<div class="des">
    {% autoescape off %}
    <p>{{ course_org.desc }}</p>
    {% endautoescape %}
</div>
```

7.3.5 制作机构课程页

在机构中心页点击左侧导航机构课程，即可进入当前机构下的课程列表，如图 7.5 所示。机构课程列表中展示的课程信息包括课程封面、课程名称、课时、学习人数、所属机构。

技术分析

- 在点击左侧导航从机构介绍切换到机构课程时，会有选中状态的变化，可以通过设置 class 完成。
- 根据传递参数的机构 ID 查询属于当前机构下的所有课程，进行相关的数据绑定。
- 点击课程时，可以进入课程的详细页面。

关键代码

模板中关于左侧导航 HTML 布局的核心代码如下。

```html
<div class="wp">
    <ul class="crumbs">
        <li><a href="/">首页</a></li>
        <li><a href="{% url 'org:org_desc' course_org.id %}">课程机构</a></li>
        <li>机构课程</li>
    </ul>
</div>
```

在 organization 应用下 urls.py 中进行路由配置的核心代码如下。

```python
urlpatterns=[
    re_path(r'^course/(?P<org_id>\d+)/$', OrgCourseView.as_view(), name="org_course"),
]
```

模板中课程数据绑定的核心代码如下：

```html
<div class="brief group_list">
    {% for course in all_courses %}
    <div class="module1_5 box">
        <a class="comp-img-box" href="{% url 'courses:course_detail' course.id %}"> <img width="214" height="195" src="/{{ course.image }}" /> </a>
        <div class="des">
            <a href="{% url 'courses:course_detail' course.id %}">
                <h2>{{ course.name }}</h2>
            </a>
            <span class="fl">课时：<i class="key">{{ course.learn_times }}</i></span>
            <span class="fr">学习人数：{{ course.students }}</span>
        </div>
        <div class="bottom">
            <span class="fl">{{ course.course_org.name }}</span>
        </div>
    </div>
    {% endfor %}
</div>
```

7.3.6 制作机构讲师页

在机构中心页点击左侧导航机构讲师，即可进入当前机构下的讲师列表，如图 7.6 所示。机构讲师列表中展示的信息包括头像、讲师姓名、工作年限、课程数量。

技术分析

- 在点击左侧导航从机构介绍切换到机构讲师时，会有选中状态的变化，可以通过设置 class 完成。
- 根据传递参数的机构 ID 查询属于当前机构下的所有讲师，并进行相关的数据绑定。

关键代码

模板中关于左侧导航 HTML 布局的核心代码如下。

```html
<ul>
    <li class=""><a href="{% url 'org:org_desc' course_org.id %}">机构介绍</a></li>
    <li class=""><a href="{% url 'org:org_course' course_org.id %}">机构课程</a></li>
    <li class="active2"><a href="{% url 'org:org_teacher' course_org.id %}">机构讲师</a></li>
</ul>
```

模板中讲师数据绑定的核心代码如下。

```html
<div class=" butler_list butler-fav-box">
    {% for teacher in all_teachers %}
    <dl class="des users">
        <dt>
            <a href=""><img width="100" height="100" src="/{{ teacher.image }}" /> </a>
        </dt>
        <dd> <h1><a href="">{{ teacher.name }}</a> </h1>
            <ul class="cont clearfix">
                <li class="time">工作年限：<span>{{ teacher.work_years }}</span>年</span></li>
                <li class="c7">课程数：<span>{{ teacher.get_course_nums }}</span></li>
            </ul>
        </dd>
    </dl>
    {% endfor %}
</div>
```

7.3.7 配置 admin 后台系统

Django 中的 admin 管理后台具有非常强大的功能，在线教育平台项目中，采用 xadmin 的方式进行使用。xadmin 比 Django 自带的 admin 系统功能更加强大，界面效果也更加友好。使用前要先完成 xadmin 基础配置，使用 python manage.py createsuperuser 命令创建超级管理员账号，并进行登录。登录后 xadmin 管理主界面如图 7.8 所示。

图7.8　xadmin管理后台主界面

技术分析

- 配置 xadmin 后台的头部和底部信息的自定义设置。
- 配置 xadmin 中的换肤功能，实现自由切换后台皮肤。
- 将自定义的模型类都注册到 xadmin 中进行管理，在每个应用下单独创建一个 adminx.py 文件，用于存储 xadmin 后台的配置。

关键代码

配置 xadmin 后台头部和底部信息的关键代码如下。

```
class GlobalSettings(object):
    site_title="后台管理系统"
    site_footer="后台管理系统 v1.0"
xadmin.site.register(views.CommAdminView, GlobalSettings)
```

配置 xadmin 后台换肤功能的关键代码如下。

```
class BaseSetting(object):
    enable_themes=True
    use_bootswatch=True
xadmin.site.register(views.BaseAdminView, BaseSetting)
```

courses 应用下 adminx.py 中关于课程类配置的关键代码如下。

```
class CourseAdmin(object):
    list_display=['name', 'desc', 'detail', 'degree', 'learn_times', 'students', 'get_zj_nums']
    search_fields=['name', 'desc', 'detail', 'degree', 'students']
    list_filter=['name', 'desc', 'detail', 'degree', 'learn_times', 'students']
```

```python
    ordering=['-click_nums']
    readonly_fields=['click_nums']
    list_editable=['degree', 'desc']
    exclude=['fav_nums']
    style_fields={"detail":"ueditor"}
    # import_excel=True
    def queryset(self):
        qs=super(CourseAdmin, self).queryset()
        return qs
    def save_models(self):
        #保存课程时统计课程机构的课程数
        obj=self.new_obj
        obj.save()
        if obj.course_org is not None:
            course_org=obj.course_org
            course_org.course_nums=Course.objects.filter(course_org=course_org).count()
            course_org.save()
xadmin.site.register(Course, CourseAdmin)
```

课程类在 xadmin 管理后台界面，如图 7.9 所示。

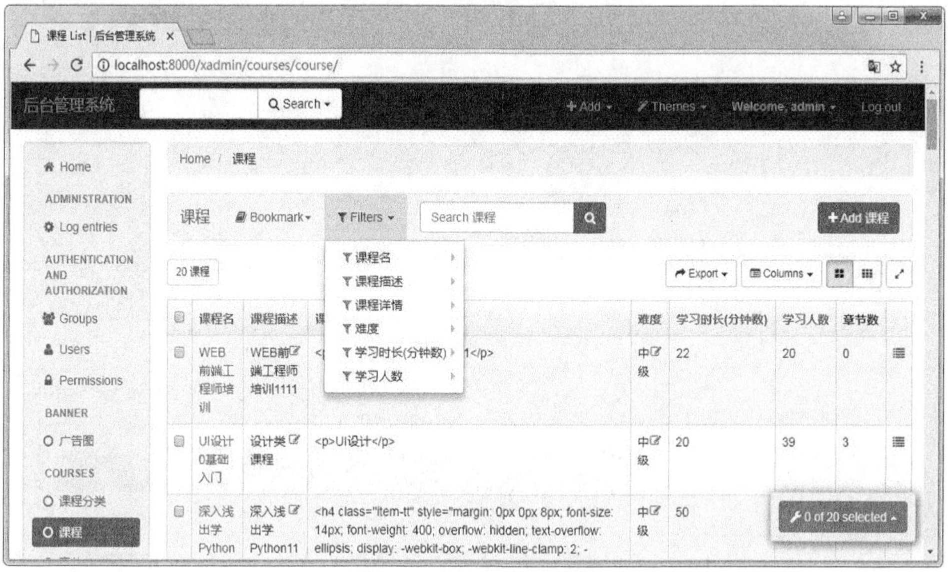

图7.9　课程类管理界面

从图 7.9 可以得知，除基本字段的显示，还增加了条件过滤（list_filter）、搜索（search_fields）、排序（ordering）、列表中编辑字段（list_editable）、导出等功能。至于其他模型类的管理界面，读者可以根据需求进行自定义增加需要的功能，下面将其他模型类管理界面效果图展示出来，效果如图 7.10～图 7.16 所示。

图7.10 广告图管理

图7.11 课程分类管理

图7.12 课程管理

图7.13　课程章节管理

图7.14　课程视频管理

图7.15　机构管理

图7.16 机构讲师管理

项目代码

第 8 章

Django 项目上线部署

本章任务

任务 8　项目上线部署

技能目标

- ❖ 了解 Django 项目上线部署流程;
- ❖ 掌握使用 Nginx+uWSGI+Django 在 Linux 系统上进行项目的部署。

本章知识梳理

本章简介

项目开发完成后,最终需要上线到服务器才能被更多人访问到。目前部署 Django 项目有两种主流方案:Nginx+uWSGI+Django 或者 Apache+uWSGI+Django。本章以在线教育平台为项目案例,采用 Nginx+uWSGI+Django 进行上线部署操作。

预习作业

1. 预习并回答以下问题

请阅读本章内容,并在作业本上完成以下简答题。

(1)简述 Django 项目上线部署流程。

(2)简述 Nginx 的作用。

2. 预习并完成编码题

根据步骤完成项目上线部署操作。

任务8 项目上线部署

大多数开发者通常采用 Windows 系统进行开发工作,但是关于项目上线部署的工作则更多是选用 Linux 操作系统来完成。为了便于读者更好地了解项目的真实发布流程,本章将采用安装虚拟机(Virtual Machine)的方式在本地计算机上安装 Linux 系统,从而实现 Django 项目发布。

本章中所采用的社区企业操作系统(Community Enterprise Operating System 7,CentOS 7)是 Linux 发行版之一,它是由 Red Hat Enterprise Linux 依照开放源代码规定释出的源代码所编译而成。由于出自同样的源代码,因此有些要求高度稳定性的服务器以 CentOS 替代商业版的 Red Hat Enterprise Linux 使用。两者的不同在于 CentOS 完全开源。

8.1 虚拟机安装

虚拟机指通过软件模拟的、具有完整硬件系统功能的、运行在一个完全隔离环境中的完整计算机系统。

安装 Linux 虚拟机之前首先应在 Windows 上安装虚拟机工具 VMware Workstation（中文名"威睿工作站"），它是一款功能强大的桌面虚拟计算机软件，使用户可以在单一的桌面上同时运行不同的操作系统，同时也是进行开发、测试、部署新的应用程序的最佳解决方案。可以在 Vmware 官网下载软件安装包或者在网上搜索相关资源下载安装。

VMware Workstation 的安装过程非常简单，这里不再赘述。安装完成后，启动界面如图 8.1 所示。

图8.1 虚拟机主界面

在图 8.1 中可以点击鼠标右键选择"新建"，创建虚拟机，虚拟机"硬件与选项"配置如图 8.2 和图 8.3 所示。

图8.2 虚拟机"硬件"配置

图8.3 虚拟机"选项"配置

虚拟机创建完成，点击启动虚拟机，效果如图8.4所示。

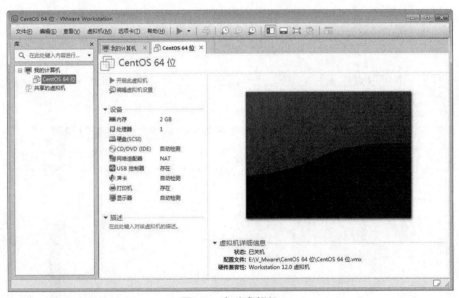

图8.4 启动虚拟机

由于虚拟机 CentOS 7 尚未安装操作系统，首次启动会显示选择启动盘界面，这里使用 CentOS-7-x86_64-DVD-1708.iso，镜像文件可以从 CentOS 的官方网站下载，在安装过程中可进行设置 root 密码等操作。

8.2 升级 Python 2.x 到 Python 3.x

CentOS 7 系统默认安装 Python 2.7 版本，如图8.5所示。由于项目采用 Django 2.x

开发，而 Django 2.x 不支持 Python 2.7 版本，因此需要对 Python 版本进行升级。这里由于 CentOS 7 中没有预装 pip 命令，所以使用 Linux 中的 wget 工具协助安装。

图8.5　默认Python版本

首先通过 yum 安装 wget 工具，该工具用于从网上下载文件，安装命令如下。

```
yum -y install wget
```

安装效果如图 8.6 所示。

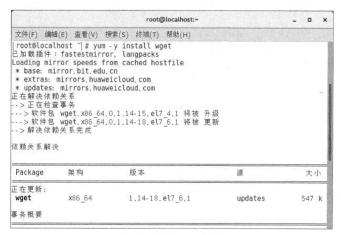

图8.6　安装wget工具

然后安装 GCC 编译器环境，这是安装 Python 3 时所需要的编译环境，安装命令如下。

```
yum -y install gcc
```

安装效果如图 8.7 所示。

最后还需要安装 Python 3 所依赖的组件，命令如下。

```
yum install openssl-devel bzip2-devel expat-devel gdbm-devel readline-devel sqlite*devel mysql-devel
```

安装效果如图 8.8 所示。

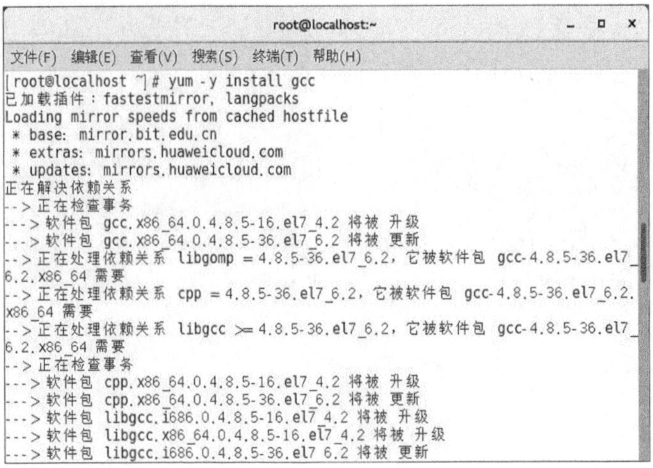

图8.7 安装gcc

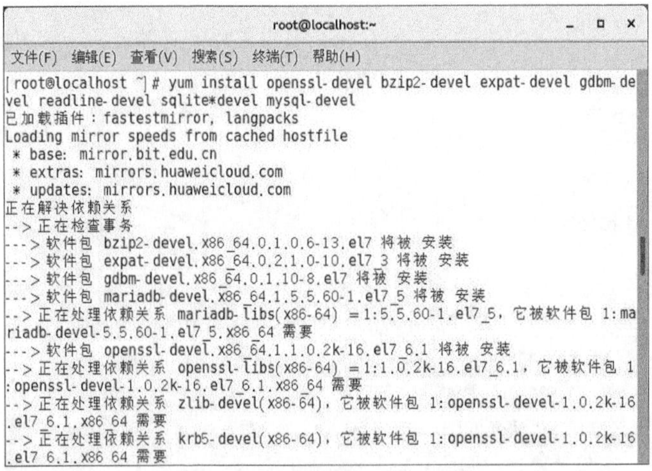

图8.8 安装Python 3依赖组件

完成上述安装后，使用 wget 指令从 Python 官网下载所需的 Python 3.6.3 压缩包，命令如下。

wget "https://www.python.org/ftp/python/3.6.3/Python-3.6.3.tgz"

下载完成如图 8.9 所示。

图8.9 下载Python 3.6.3压缩包

Python 3.6.3 压缩包下载完成后，可以在当前路径查看下载的内容。对压缩包进行解压的命令如下。

```
tar -zxvf Python-3.6.3.tgz
```

解压完成后，在当前目录会出现一个 Python 3.6.3 的文件夹，里面包含 Python 3.6.3 版本所需组件，最后将 Python 3.6.3 编译到 CentOS 7 系统中，命令如下。

```
cd Python-3.6.3
sudo ./configure
make
make install
```

编译完成后，在 CentOS 7 系统输入指令 python 3，即可进入交互模式，效果如图 8.10 所示。

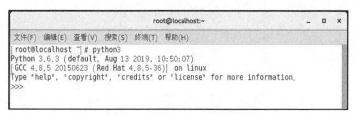

图8.10　Python 3.6的交互模式

现在 CentOS 7 系统中同时存在了两个 Python 版本，分别是 Python 2.7 和 Python 3.6，在使用时，默认输入 python 则进入 Python 2.7 下，输入 python 3 则以 Python 3.6 环境进行执行。

8.3　项目上线配置

Python 3.6 安装完成后，可以使用 FileZilla 或其他 FTP 工具将本地项目文件上传到虚拟系统 CentOS 7，或直接通过复制文件的方式上传到 CentOS 7 中，这里把项目保存在 Home 文件夹下，目录结构如图 8.11 所示。

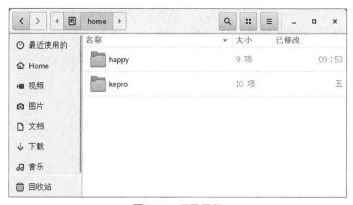

图8.11　项目目录

1. 关闭调试

修改项目 kepro 下 settings.py 配置项，关闭调试功能，配置代码如下。

```
DEBUG=False
ALLOWED_HOSTS=['*']
```

2. 配置日志

日志在程序开发中是必不可少的，它可以用于分析及定位错误和异常，在生产环境下有很大的用途。Django 利用的是 Python 提供的 logging 模块，但如果要在 Django 中使用 logging，还需一定的配置规则，需要在 settings.py 中设置。关于日志记录级别如表 8-1 所示。

表 8-1 日志记录级别

级别	值	描述
CRITICAL	50	关键错误/消息
ERROR	40	错误
WARNING	30	警告消息
INFO	20	通知消息
DEBUG	10	调试
NOTSET	0	无级别

在开发过程中日志记录级别通常是 DEBUG，但是上线后需要将其修改为 WARNING 或 CRITICAL，settings.py 代码如下。

```
LOGGING={
    'version': 1,
    'disable_existing_loggers': True,
    'default': { },#记录到日志文件
    'level':'WARNING',
    'class':'logging.handlers.RotatingFileHandler',
    'filename': os.path.join(BASE_DIR, "log",'debug.log'),#日志输出文件
    'maxBytes':1024*1024*5,#文件大小
    'backupCount': 5,#备份份数
    }
}
```

8.4 安装 Django

下面使用 pip3 install django 命令安装 Django。安装完成后，可以先通过 Django 自带的 Web 服务器对项目进行查看。启动命令如下。

```
python3 manage.py runserver
```

这时会看到图 8.12 所示的错误。

图 8.12 中的错误信息如下 "django.core.exceptions.ImproperlyConfigured: SQLite 3.8.3 or later is required (found 3.7.17)."，表示 CentOS 7 系统自带的 SQLite 3 版本偏低，需要升级到 SQLite 3.8.3 以上版本。

图8.12 SQLite版本过低

通过 sqlite3 --version 查看当前系统中 SQLite 3 的版本为 3.7.17。这里首先需要对 SQLite 3 进行升级。命令如下。

wget https://www.sqlite.org/2019/sqlite-autoconf-3270200.tar.gz
tar -zxvf sqlite-autoconf-3270200.tar.gz
cd sqlite-autoconf-3270200
cd /usr/local/python-3.7/
LD_RUN_PATH=/usr/local/lib ./configure LDFLAGS="-L/usr/local/lib" CPPFLAGS="-I/usr/local/include" --prefix=/usr/local/sbin/python-3.7
LD_RUN_PATH=/usr/local/lib make
make && make install
将路径传递给共享库
设置开机自启动执行,可以将下面的 export 语句写入~/.bashrc 文件中,若想立即生效,可以执行 source~/.bashrc,这样将在每次启动终端时执行
export LD_LIBRARY_PATH="/usr/local/lib"

然后再使用 python3 manage.py runserver 命令即可正常启动项目,效果如图 8.13 所示。

图8.13 项目启动

8.5 安装 uWSGI

目前通过 Django 提供的 Web 服务器已经可以启动项目,但在项目正式上线后,不

推荐继续使用该服务器。具体的原因可以查看官方的解释：It's intended only for use while developing. (We're in the business of making Web frameworks, not Web servers.)，表示 Django 的业务是制作 Web 框架，而不是 Web 服务器。自带的 Web Server 只是方便开发，并不能直接放到生产环境。内置的服务器没有经过安全测试，是使用 Python 自带的 simple HTTPServer 所创建，所以无论是从安全性或还是效率方面考虑，都不推荐继续使用。

在生产环境下，可以将 uWSGI 作为 Web 服务器使用。uWSGI 是遵循网络服务器网关接口（Web Server Gateway Interface，WSGI）协议的 Web 服务器。使用 uWSGI 的第一步是进行安装，命令如下。

```
pip3 install uwsgi
```

安装成功后，效果如图 8.14 所示。

图8.14　安装uWSGI

从图 8.14 中看到 uWSGI 已经安装完成，下面测试 uWSGI 是否可以正常使用。首先，新建 test.py 文件，代码如下。

```
def application(env, start_response):
    start_response('200 OK', [('Content-Type','text/html')])
    return [b"Hello World"]
```

然后在终端运行,命令如下。

```
uwsgi --http :8001 --wsgi-file test.py
```

在浏览器地址栏输入 http://127.0.0.1:8001，查看是否有"Hello World"输出，若没有输出，请检查安装过程。运行效果如图 8.15 所示。

图8.15　Hello World

测试 uWSGI 服务器一切正常后，下面就使用 uWSGI 启动 kepro 项目（在线教育平台）。加入 uWSGI 后，项目的运行流程从用户直接访问 Django 服务器改为访问 uWSGI

服务器。uWSGI 接收用户请求，调用 Django 项目进行处理，将结果返回给用户。

下面在 CentOS 7 系统中输入 uWSGI 命令，启动项目，命令如下。

uwsgi --http :8080 --chdir /home/kepro -w kepro.wsgi

该命令中各参数说明如下。

> 8080 表示端口号。
> /home/kepro 表示项目 kepro 的绝对路径。
> kepro.wsgi 表示项目 kepro 中的 wsgi 文件。

在 CentOS 7 系数中输入 ifconfig -a 命令查看虚拟机 IP 地址，如图 8.16 所示。

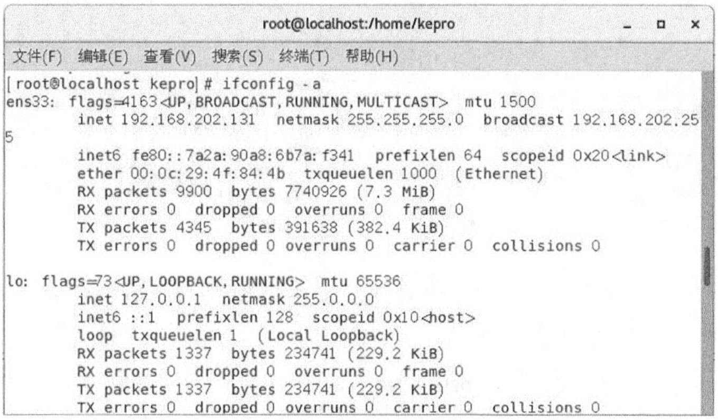

图8.16　查看虚拟机IP

uWSGI 指令运行后，可以在本地系统中，访问虚拟机首页。以 IP：192.168.202.131 加上端口 8080 进行访问，即在浏览器地址栏输入 http://192.168.202.131:8080/，这时浏览器中会显示出首页信息，如图 8.17 所示。

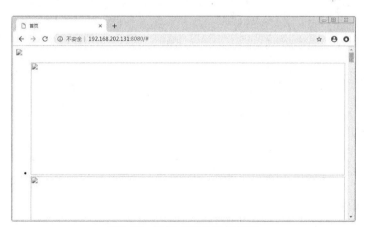

图8.17　访问虚拟机显示首页

从图 8.17 中可以看到首页数据已经显示出来，但是图片无法显示，回到 CentOS 7 中，重新输入如下命令。

uwsgi --http :8080 --chdir /home/kepro -w kepro.wsg--static-map=/static=static

由于当前项目 kepro 中所有的图片、CSS、JS 等静态资源文件都存放在 static 目录下，因此使用新增的 static-map 做了一个静态文件的映射。再次访问浏览器，可以看到图片均正常显示，效果如图 8.18 所示。

图8.18　正常显示首页

到目前已经可以正常访问 kepro 项目，但是每次启动 uWSGI 命令无疑非常烦琐，可以通过配置文件的方式处理这一问题。

在项目 kepro 根目录下创建 kepro_uwsgi.int，作为 uWSGI 服务器的配置文件，文件代码如下。

```
[uwsgi]
# 指定 IP 端口
http=192.168.202.131:8080
# 项目目录
chdir=/home/kepro
# 指定项目的 application
module=kepro.wsgi:application
# 启用主进程
master=true
# 指定静态文件
static-map=/static=/home/kepro/static
```

启动命令如下。

```
uwsgi --ini kepro_uwsgi.ini
```

这时项目同样可以正常启动，效果与图 8.18 中展示一致。

8.6　安装 Nginx

目前已经完成了 Django+uWSGI 的结合，下面介绍 Nginx 的使用。

1. 什么是 Nginx

Nginx 是一个高性能的 HTTP 和反向代理 Web 服务器，同时也提供了 IMAP/POP3/SMTP 服务。Nginx 由伊戈尔·赛索耶夫为俄罗斯访问量第二的 Rambler.ru 站点开发，第一个公开版本 0.1.0 发布于 2004 年 10 月 4 日。

Nginx 0.1.0 源代码以类 BSD 许可证的形式发布,因其稳定性、丰富的功能集、示例配置文件和低系统资源的消耗而闻名。2011 年 6 月 1 日,Nginx 1.0.4 发布。

Nginx 的并发能力在同类型的网页服务器中表现较好,中国大陆使用 Nginx 的网站包括百度、京东、新浪网、网易、腾讯网、淘宝网等。

下面介绍两个 Nginx 的应用场景。

第一个应用场景即反向代理。正向代理是在某些情况下,代理用户去访问服务器,需要用户手动的设置代理服务器的 IP 和端口号。而反向代理是用来代理服务器的,代理要访问的目标服务器。

代理服务器接受请求,然后将请求转发给内部网络的(集群化)服务器,并将从服务器上得到的结果返回给客户端,此时代理服务器对外就表现为一个服务器。Nginx 在反向代理上,提供灵活的功能,可以根据不同的正则采用不同的转发策略,设置之后,不同的请求就可以去请求不同的服务器。

例如,目前许多项目进行部署时会采用负载均衡,多在高并发情况下使用。其原理就是将数据流量分摊到多个服务器执行,减轻每台服务器的压力,多台服务器(集群)共同完成工作任务,从而提高了数据的吞吐量。

第二个应用场景即 Nginx 提供的动静分离。所谓动静分离是指把动态请求和静态请求分离,分担单个服务器压力,使整个服务器系统的性能、效率更高。

Nginx 可以根据配置对不同的请求做不同转发,这是动静分离的基础。静态请求对应的静态资源可以直接放在 Nginx 上做缓冲,更好的做法是放在相应的缓冲服务器上。动态请求由相应的后端服务器处理。这些都是真实项目中所需要考虑的内容。

在线教育项目中,加入 Nginx 后,项目流程为:用户访问时,首先到 Nginx,由 Nginx 转发请求给 uWSGI,再通过 uWSGI 访问 Django。

2. Nginx 配置

在 CentOS 7 系统中,直接输入 yum install -y nginx 命令进行安装,安装成功效果如图 8.19 所示。

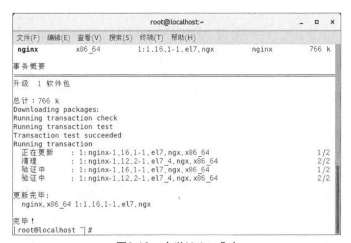

图8.19　安装Nginx成功

在 CentOS 7 上输入 Nginx 启动命令如下。

nginx

然后在本地浏览器中访问 CentOS 7 系统的 IP 地址，如图 8.20 所示。

图8.20　启动Nginx

随后修改 Nginx 的配置文件，实现 Nginx 服务器与 uWSGI 服务器的通信连接。查找 Nginx 配置文件可以使用 whereis nginx.conf 命令，如图 8.21 所示。

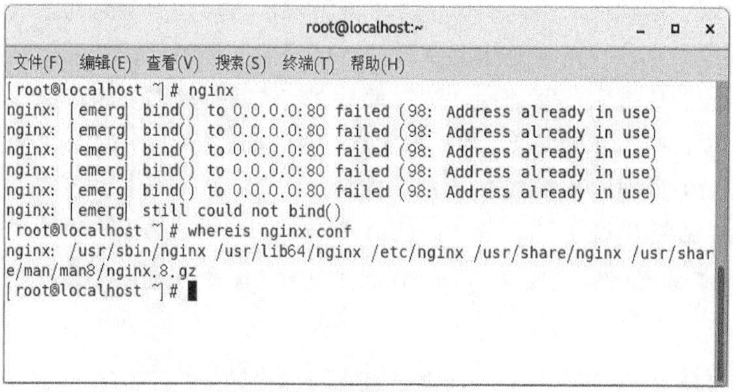

图8.21　查找Nginx配置文件

在 CentOS 7 系统下将路径切换到 /etc/nginx/，打开并编辑 nginx.conf 文件。代码如下。

```
user    nginx;
worker_processes  1;
error_log  /var/log/nginx/error.log warn;
pid        /var/run/nginx.pid;
events {
    worker_connections  1024;
}
http {
    include       /etc/nginx/mime.types;
```

```
        default_type    application/octet-stream;
        log_format   main   '$remote_addr - $remote_user [$time_local] "$request" '
                            '$status $body_bytes_sent "$http_referer" '
                            '"$http_user_agent" "$http_x_forwarded_for"';
        access_log   /var/log/nginx/access.log   main;
        sendfile        on;
        #tcp_nopush     on;
        keepalive_timeout  65;
        #gzip  on;
        include /etc/nginx/conf.d/*.conf;
    server {
        listen        80;
        server_name 127.0.0.1;
        location / {
            include /etc/nginx/uwsgi_params;
            uwsgi_pass 127.0.0.1:8080;
                }
        location /static {
            alias /home/kepro/static;
                }
            }
    }
```

其中，server 为配置文件中新增的配置，其各项参数含义如下。

- listen：监听的端口号。
- server_name:绑定的域名，一般生产环境中不会让访问者直接访问 IP 和端口。
- location /：匹配指定请求的 URI。
- include：导入一个 Nginx 模块用来和 uWSGI 进行通讯。
- uwsgi_pass：为一个 uWSGI 兼容服务器设置监听地址。
- location /static：设置静态资源路径。

上述配置中，server_name 如填写域名，首先要在域名管理的地方绑定 IP 和域名（如 www.xxx.com），然后 server_name 可以填写 www.xxx.com，最后用户便可以通过 www.xxx.com 访问网站。

完成 Nginx 相关配置后，在 CentOS 7 系统中结束 Nginx 进程或重启系统，确保当前系统没有运行 Nginx 服务器，或通过命令 nginx –s reload 软启动，然后重新输入 Nginx 命令启动 Nginx 服务器。Nginx 启动成功后，进入 kepro 项目所在目录，使用 uWSGI 指令启动 uWSGI 服务器。

此时项目 kepro 就已经运行上线。在本地系统打开浏览器访问 http://192.168.202.131:80，可以看到 kepro 项目的首页信息，运行效果如图 8.22 所示。URL 中的 80 端口为 Nginx 所配置的端口。

图8.22 项目运行效果

在本章中采用 Nginx+uWSGI+Django 完成项目上线部署，除此之外还可以采用 Apache+uWSGI+Django 或使用 Docker 部署 Django 项目。关于 Apache+uWSGI+Django 部署的步骤可以扫描二维码查看文档。

Apache+uWSGI+Django部署

Apache 和 Nginx 作为 Web 常用两大服务器，是目前使用比较广泛的。除此之外还有 IIS 服务器，不过 IIS 只能在 Windows 中使用，而 Apache 和 Nginx 则可以跨平台使用。Apache 和 Nginx 的相同点：在功能实现上都使用模块化结构设计；都支持通用的语言接口，如 PHP、Perl、Python 等；同时也支持正向、反向代理，虚拟主机，URL 重写等。在使用上，Nginx 的优势是处理静态请求，CPU 内存使用率低；Apache 适合处理动态请求，所以一般前端用 Nginx 作为反向代理以增加抗压性，用 Apache 作为后端以处理动态请求。

Docker 是一个开源的应用容器引擎，基于 Go 语言并遵从 Apache 2.0 协议开源。Docker 支持开发者打包他们自己的应用和依赖包到一个轻量级、可移植的容器中，并发布到任何 Linux 系统上，也可以实现虚拟化。Docker 的主要应用场景之一就是 Web 应用的自动化打包和发布。使用时须进行环境搭建、安装 Docker、创建容器、编写配置文件，从而实现部署操作。